高等职业教育智能制造精品教材

机械制图 习题集

JIXIE ZHITU XITIJI

主　编　李明雄　胡浩然
副主编　李永久　扈琨珑
主　审　杨　超

中南大学出版社
www.csupress.com.cn
·长沙

U0642508

内容简介

　　本书内容包括：机械制图基本知识、投影基本知识、组合体、机件的基本表达法、机件的特殊表达法、零件图、装配图、其他图样等八个项目。本书采用了新的机械制图国家标准。该教材是高等职业院校机械类和近机类专业的机械制图教材，也可供其他相近专业使用与参考。本书与中南大学出版社出版的《机械制图》配套。

前　言

　　本《机械制图习题集》与教材《机械制图》配套使用，有针对性地采用一课一练的方式进行编写，极大地方便了教师的教与学生的学。本习题集中加入了大量的企业产品零部件图的内容，将理论知识与工程实践结合起来，同时注重企业机械产品零部件图的识读，让学生将学的知识很好地运用到工作中，从而为企业培养符合岗位需求的技术人才提供有力的保障。本习题集分八个项目，分别为机械制图基本知识、投影基本知识、组合体、机件的基本表达法、机件的特殊表达法、零件图、装配图、其他图样等相关知识。

　　本习题集在编写过程中得到了湖南三一工业职业技术学院领导与老师的大力支持与帮助，在此深表谢意！

编者

2020 年 8 月

目　　录

项目一　机械制图基本知识

任务一　机械制图国家标准

1.制图国家标准字体练习。

机械制图标准序号名称件数重量材械制图标准序号

斜度圆柱锥齿轮螺栓垫圈弹簧键销减速形位公差度圆柱锥齿轮螺栓垫圈

表面粗糙度国家标准装配零件材料面粗糙度国家标

技术要求配合尺寸热处理压力角花键拆卸画法轴术要求配合尺寸热处理

1234567890Ø1234567890ØRM

1234567890　　1234567890　　1234567890　　ØRMG

班级　　　　　　姓名　　　　　　学号

2.检查下图尺寸注法的错误，将正确的标注方法标注在右边图中。

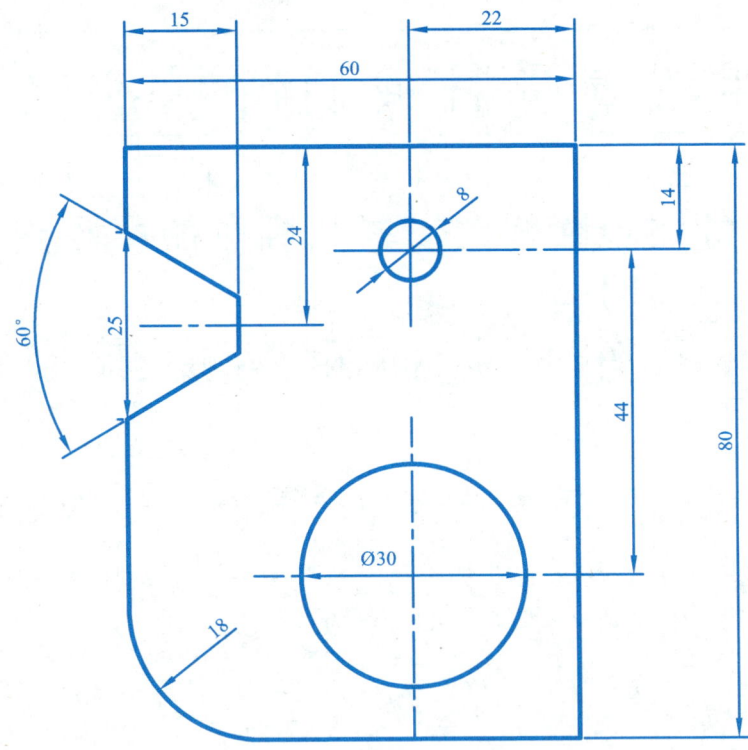

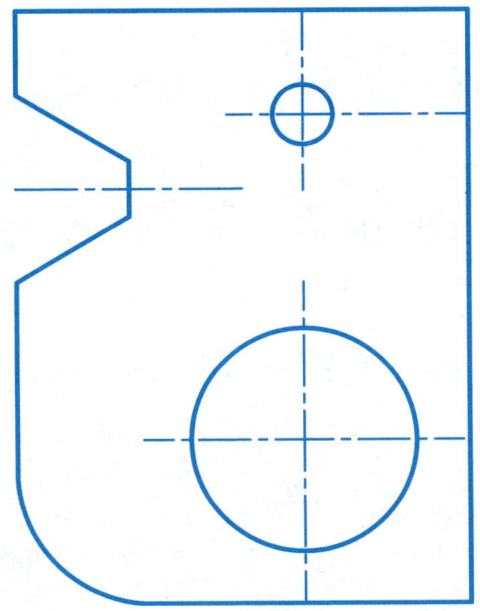

班级　　　　　　姓名　　　　　　学号

3. 按照所示图形的尺寸，按 1∶2 在右边画出该图形，并标注尺寸。

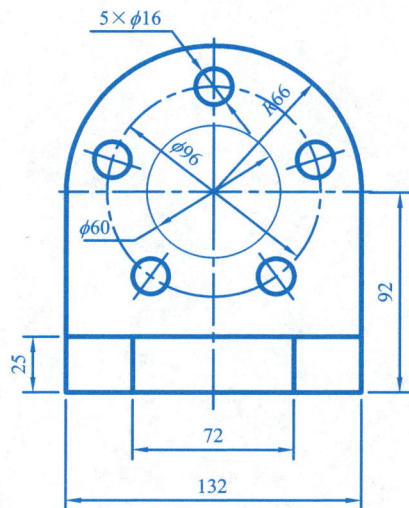

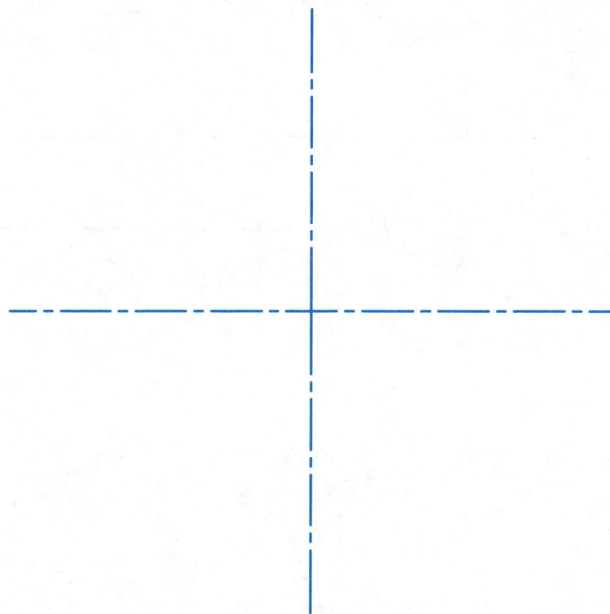

5×φ16
φ66
φ96
φ60
92
25
72
132

任务二　几何作图

1.按照要求完成下图，保留作图痕迹。

（1）完成直线 AB 的六等分。

A ———————————————————— B

（2）完成已知圆的内接五角星。

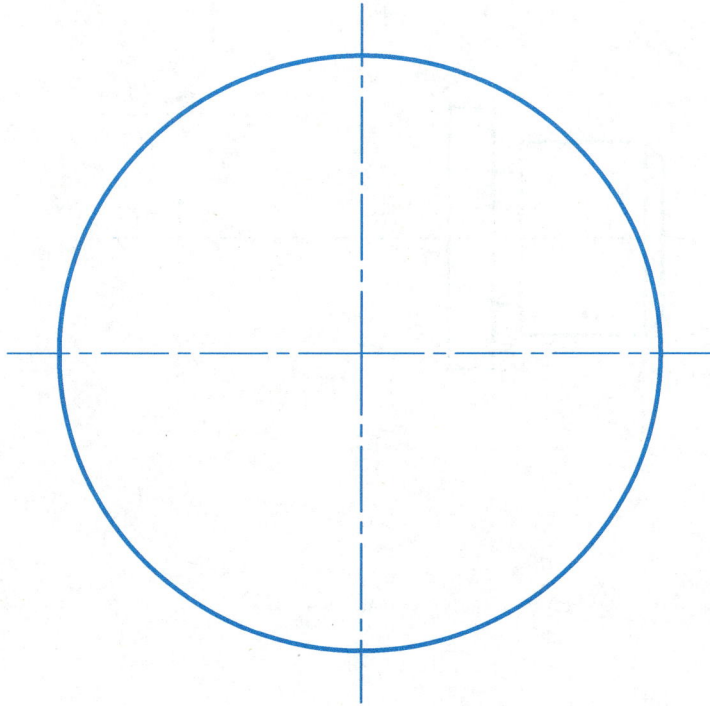

班级　　　　　姓名　　　　　学号

（3）根据左下方图形完成右上方图形。

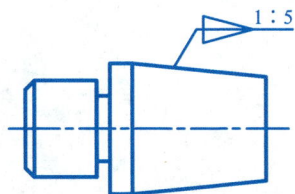

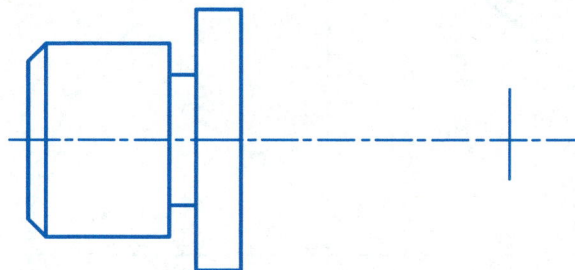

1 : 5

2.在图形的下方按 1:1 画出图形，不标注尺寸。

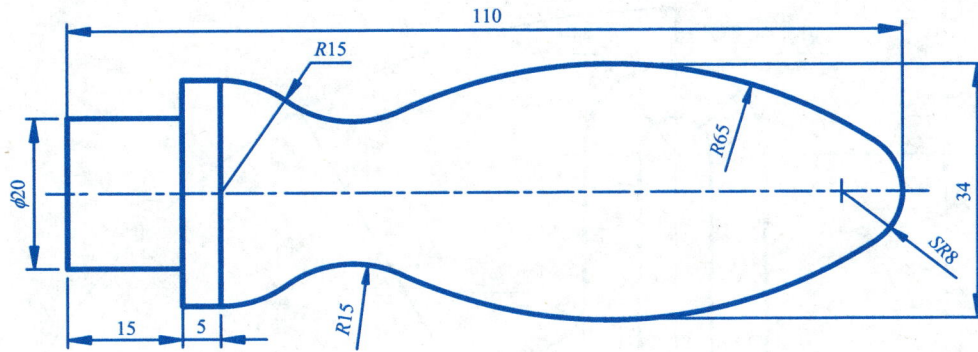

3. 在 A4 图纸上画出下方平面图形，并标注尺寸。

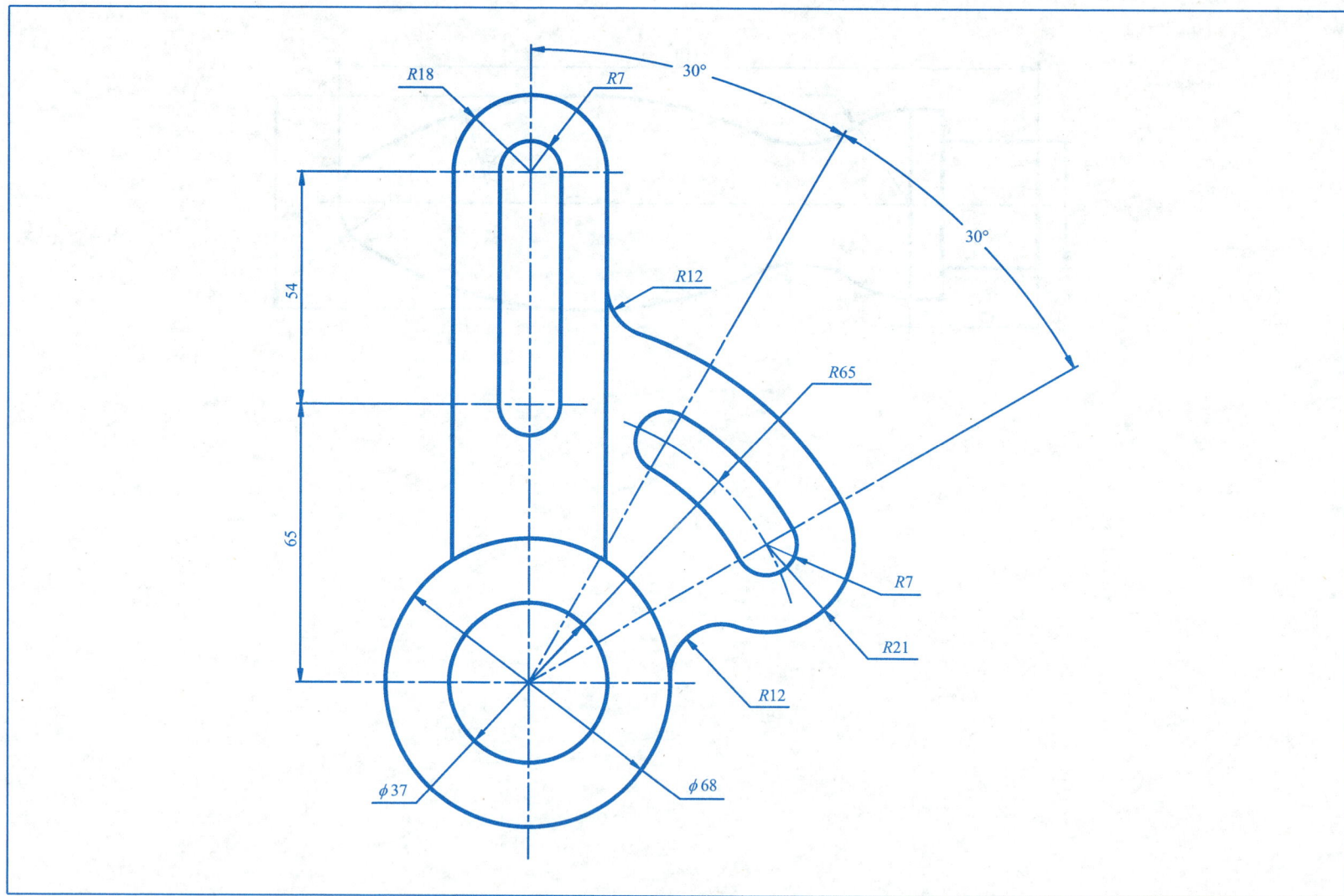

班级　　　　　姓名　　　　　学号

4. 在 A4 图纸上画出下方扳手平面图形，并标注尺寸。

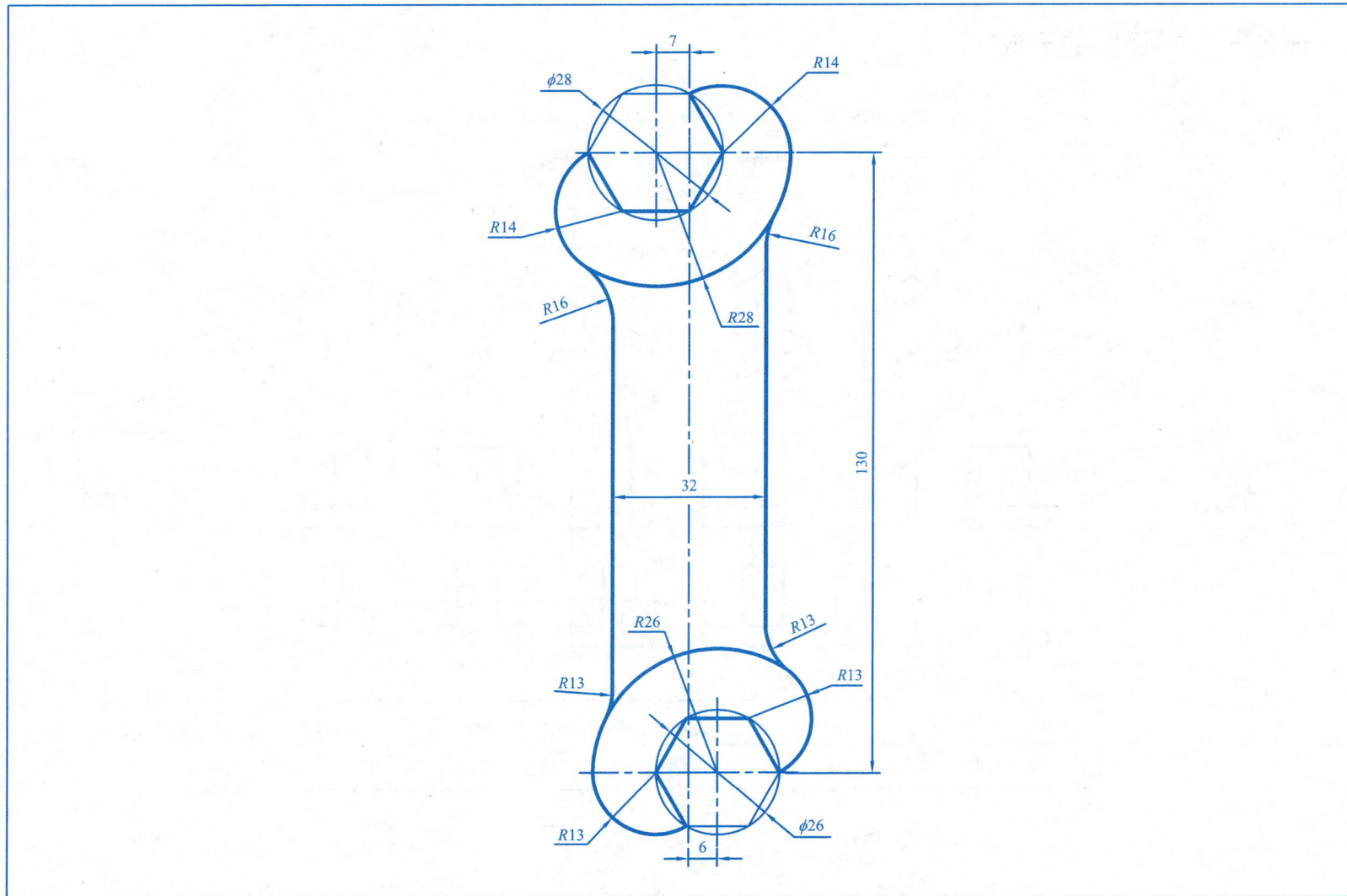

班级　　　　　　姓名　　　　　　学号

项目二　投影基本知识

任务一　三视图的形成

1.请根据组合体的轴测图在下方找出与其相对应的主视图，并将编号填入表内。

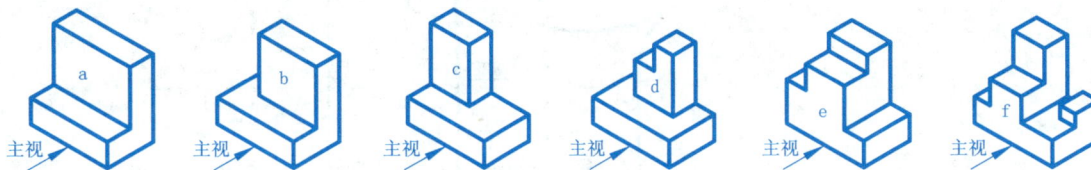

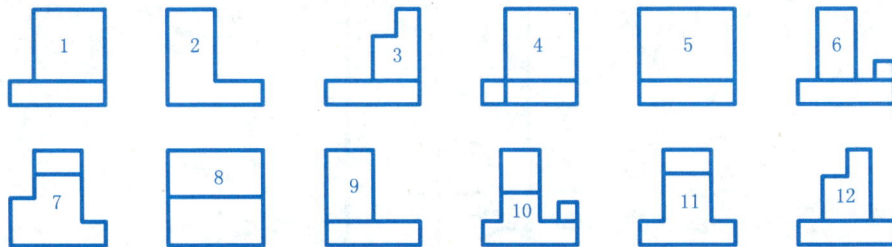

题号	a	b	c	d	e	f
答案						

2. 请根据组合体的轴测图在下方找出与其相对应的俯视图，并将编号填入表内。

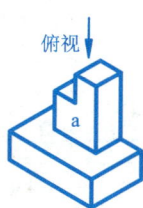

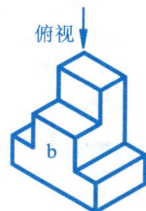

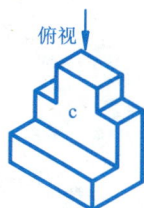

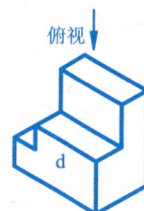

题号	a	b	c	d	e	f
答案						

班级　　　　　　　姓名　　　　　　　学号

3.请根据立体图在指定位置画三视图，尺寸在图上量取。

（1）

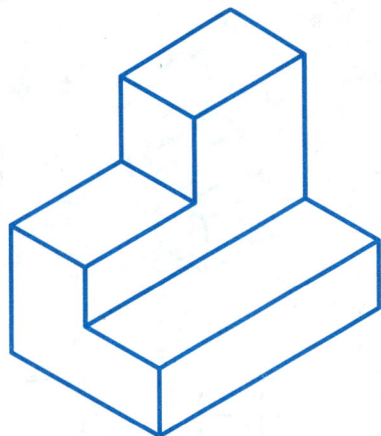

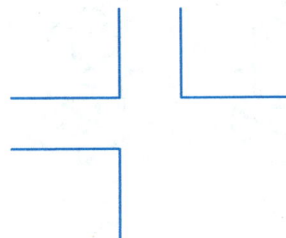

（2）

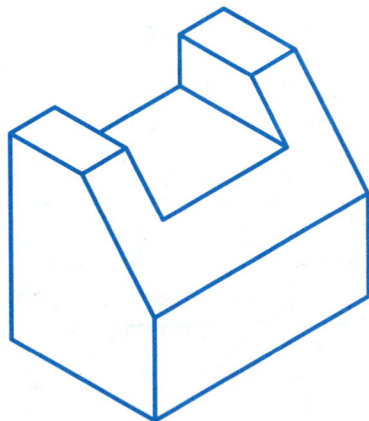

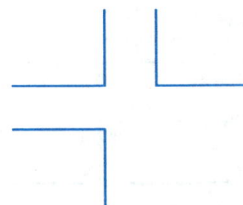

任务二　点、线、面的投影

1.点的投影。

(1)填空：若点 A 的 X、Y、Z 坐标均小于点 B 的 X、Y、Z 坐标，则点 B 在点 A 的_____、_____、_____方。已知点 $A(30，10，20)$，则 A 距 V 面为_____，距 H 面为_____，距 W 面为_____。

(2)已知点 A 的坐标为$(15，8，10)$，试求出点 A 的三面投影。

(3)已知点 A 的坐标为$(6，0，12)$，点 B 在点 A 的左方12，上方8，前方15，试求出点 B 的三面投影。

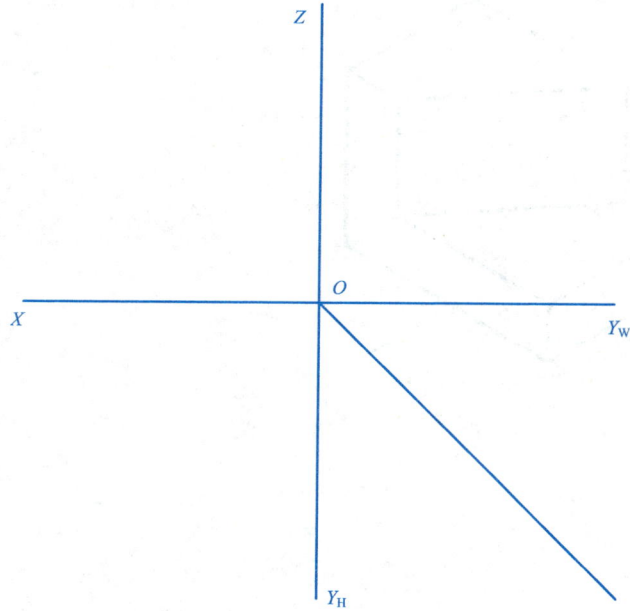

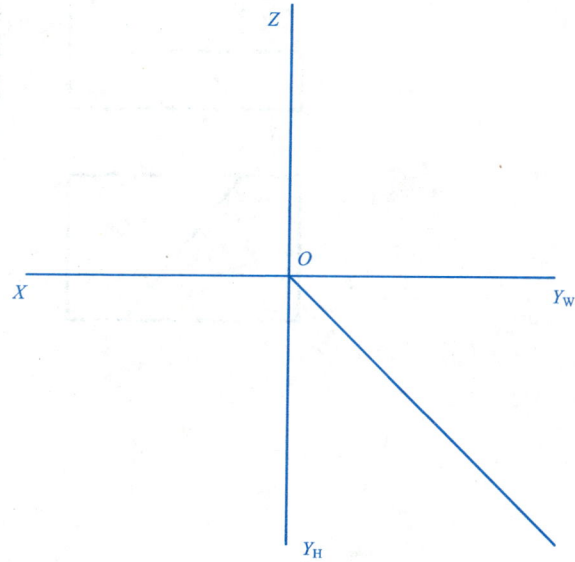

班级　　　　　　姓名　　　　　　学号

(4)已知轴测图，在三视图中标出 *A*、*B*、*C* 三点的投影。

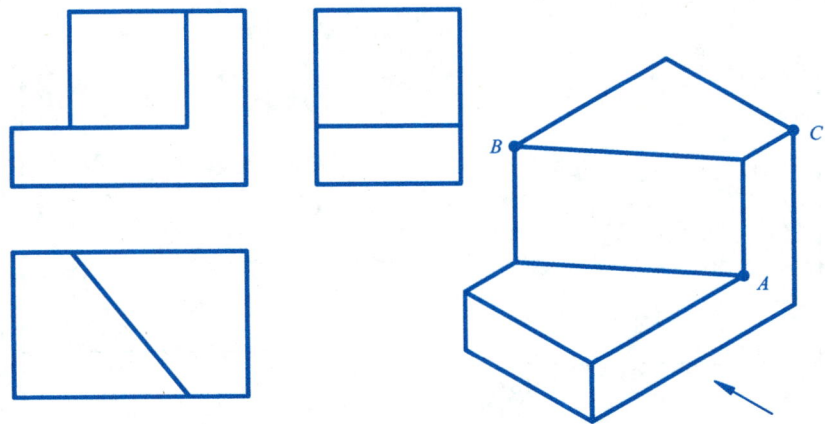

2.直线的投影。

（1）根据下方各直线的两面投影，求第三投影，并判断空间直线是什么直线。

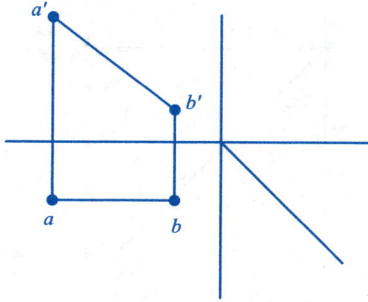

AB是＿＿＿＿＿＿线

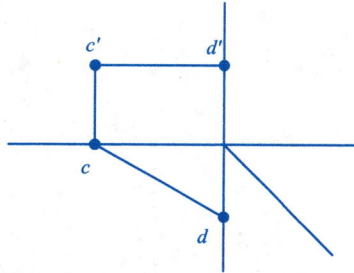

CD是＿＿＿＿＿＿线

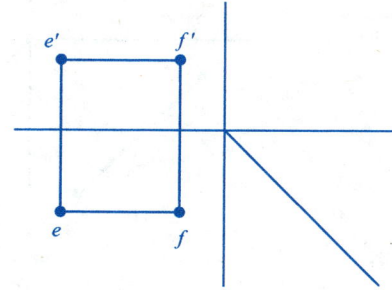

EF是＿＿＿＿＿＿线

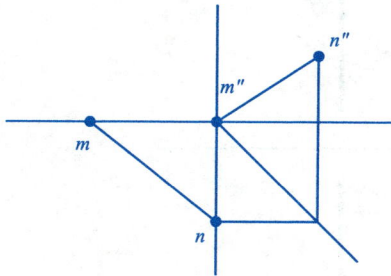

MN是＿＿＿＿＿＿线

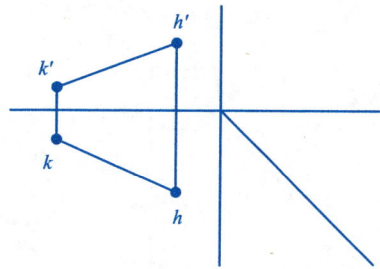

HK是＿＿＿＿＿＿线

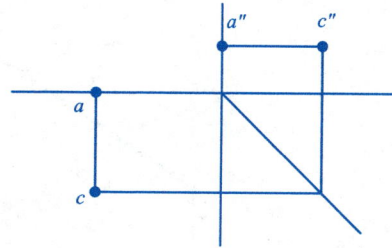

AC是＿＿＿＿＿＿线

班级　　　　　姓名　　　　　学号

（2）水平线 *EF* 离水平面 *H* 的距离为 15 mm，求 *EF* 的三面投影。

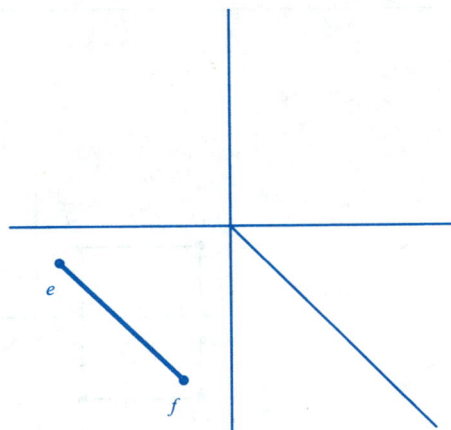

（3）铅垂线 *MN* 长 16 mm，完成 *MN* 的三面投影。

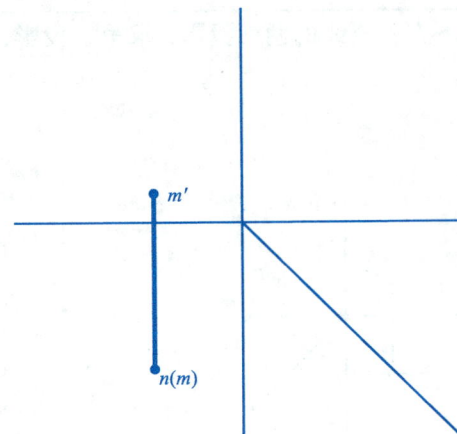

（4）已知 *CD*∥*V* 面，且距 *V* 面 12 mm，求 *cd*。

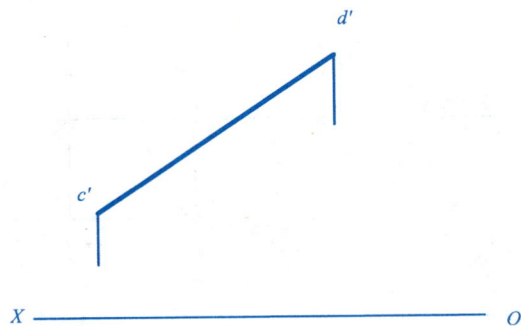

（5）已知线段 *AB* 上点 *K* 的水平投影 *k*，求 *k*′。

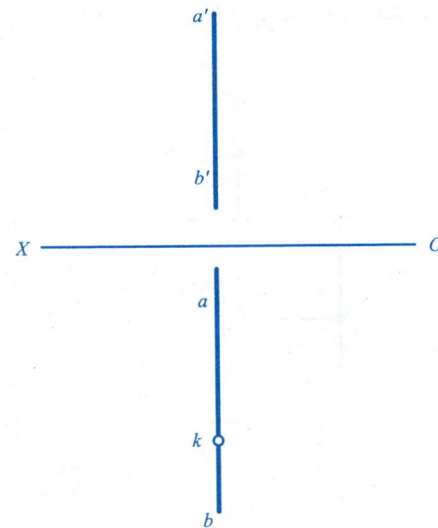

班级　　　　姓名　　　　学号

3.平面的投影。

（1）完成平面的第三投影。

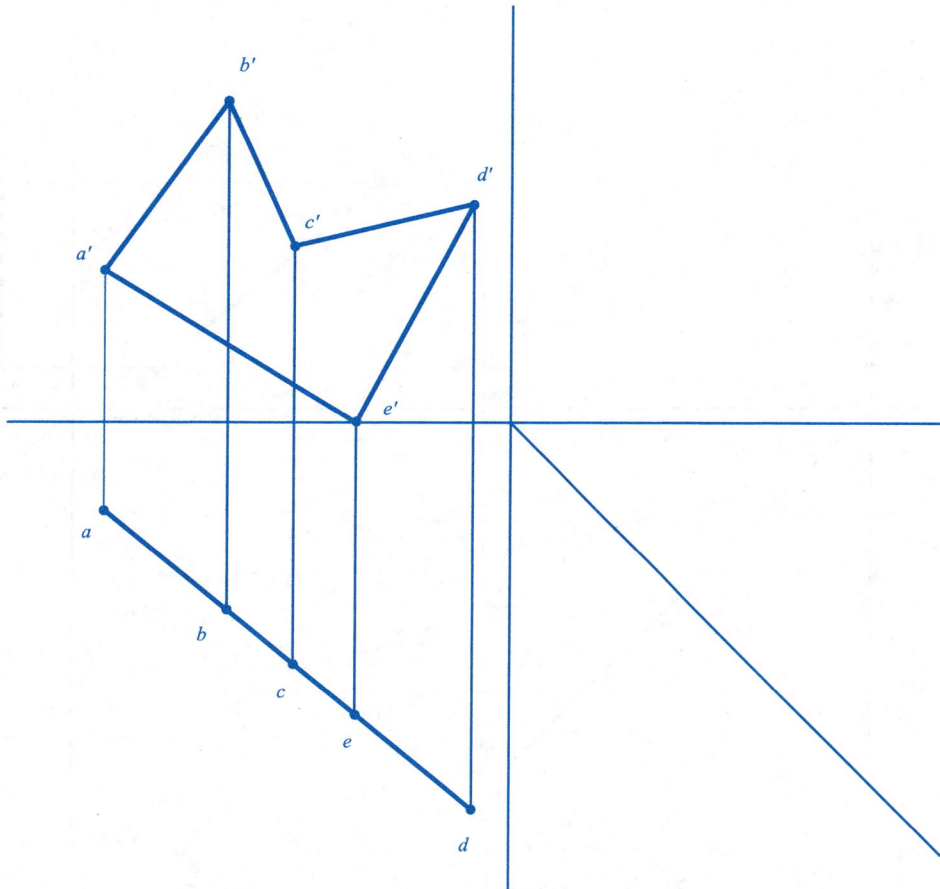

班级　　　　　　姓名　　　　　　学号

（2）完成正平面的三面投影。

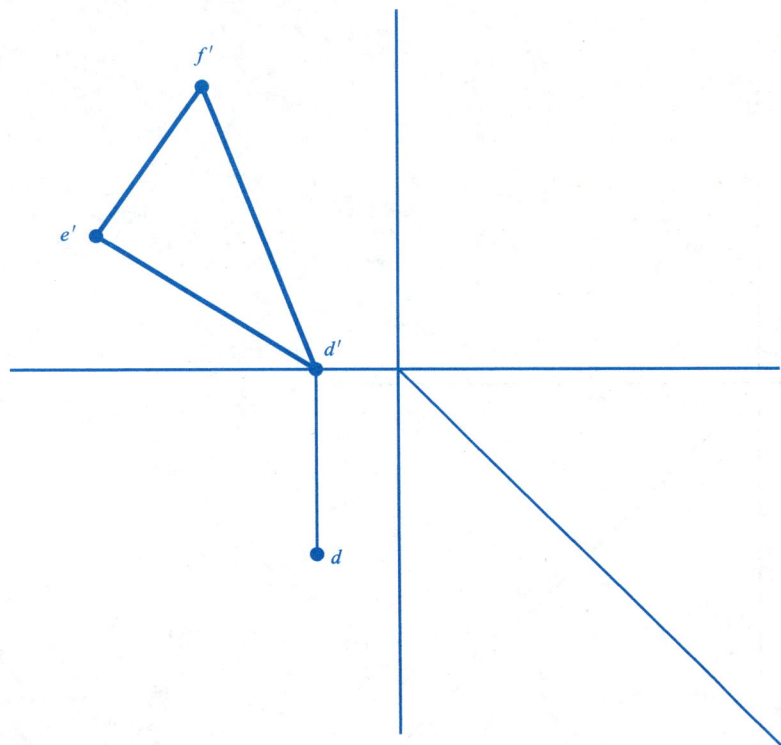

（3）完成正垂面的三面投影。

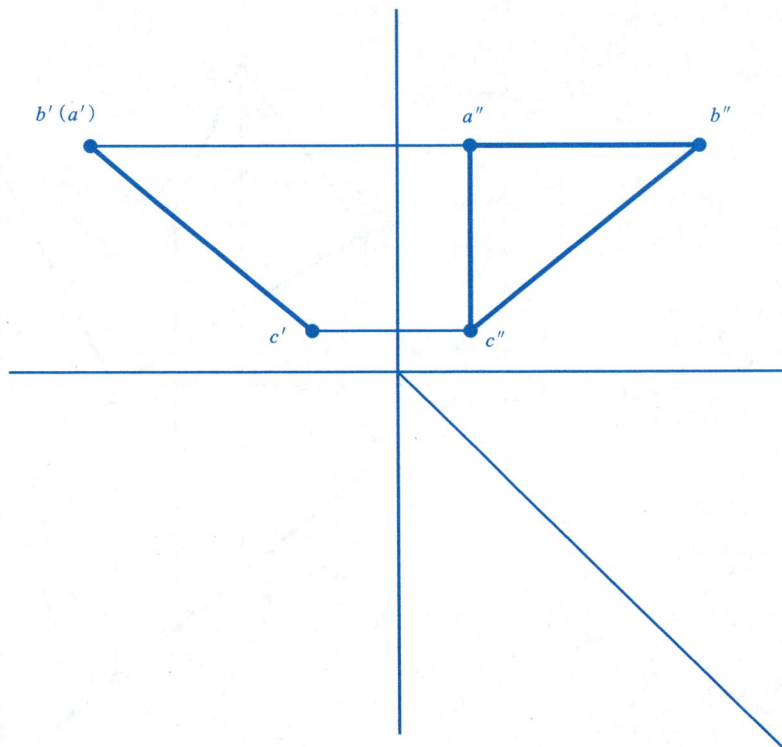

（4）求平面上 K 点的三面投影。

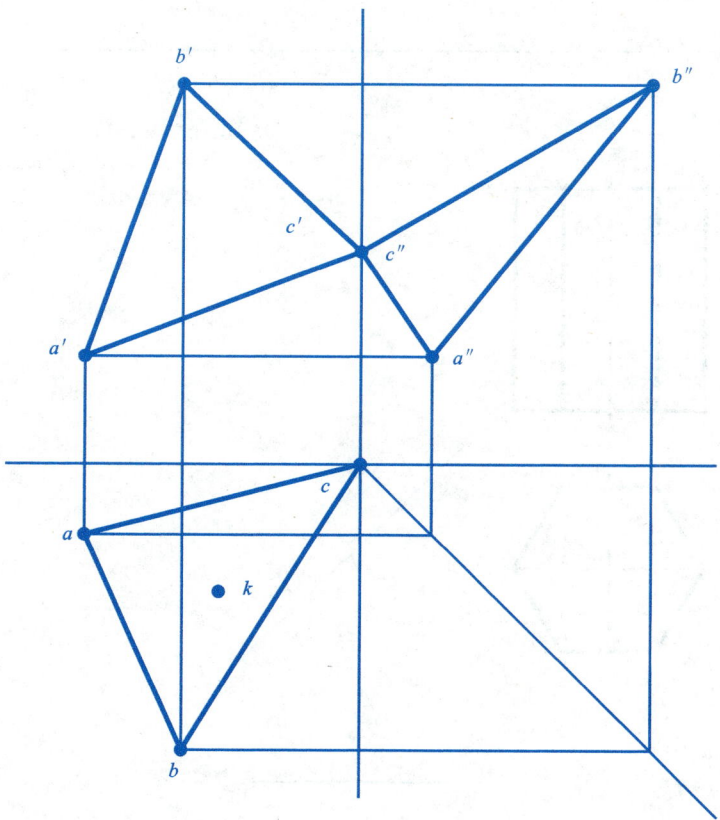

（5）完成五边形 ABCDE 的水平投影。

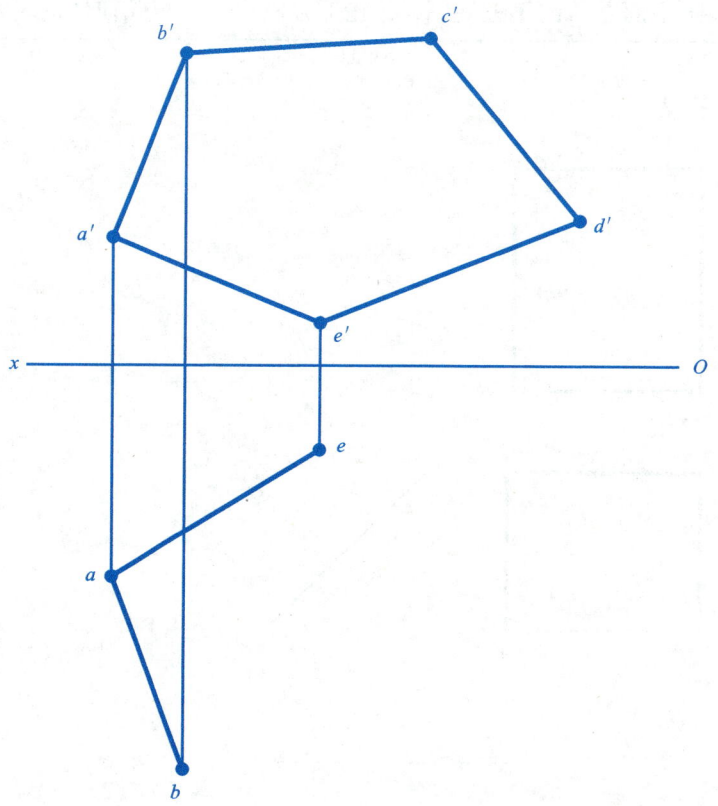

任务三　基本体的投影

1.平面立体的投影：

画平面立体的第三视图，并在下方横线上写出几何体的名称。

（1）

 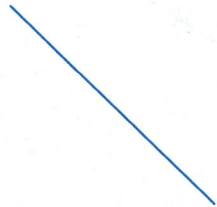

（2）

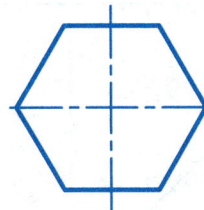 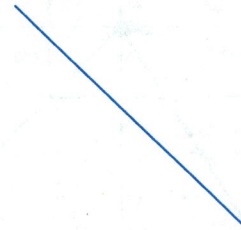

(3)

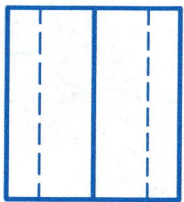

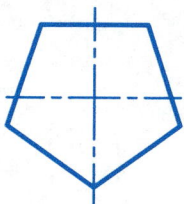

(4)

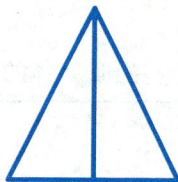

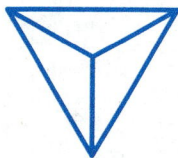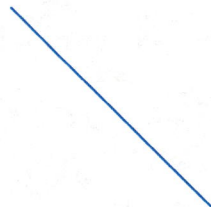

(5)

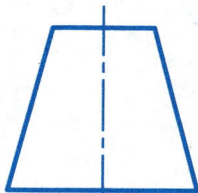

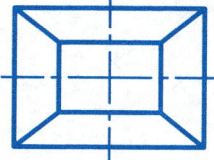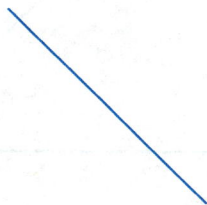

(6)

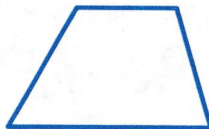

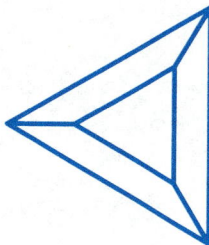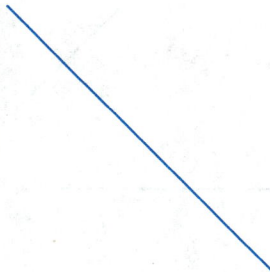

班级　　　　　姓名　　　　　学号

2. 曲面立体的投影。

补画曲面立体的第三视图，并在下方横线上写出几何体的名称。

（1）

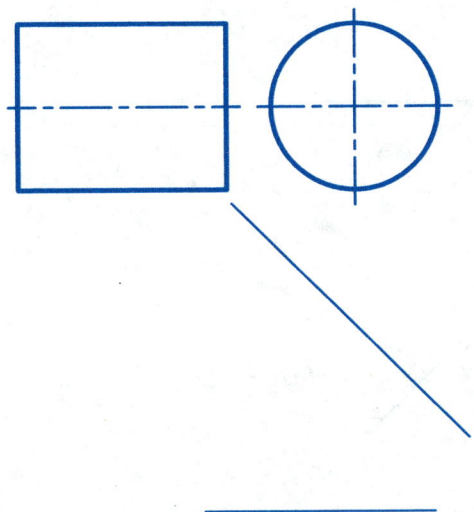

（2）

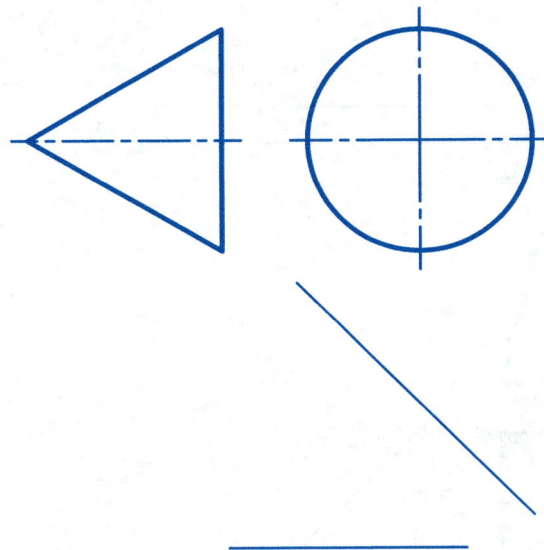

班级　　　　姓名　　　　学号

(3)

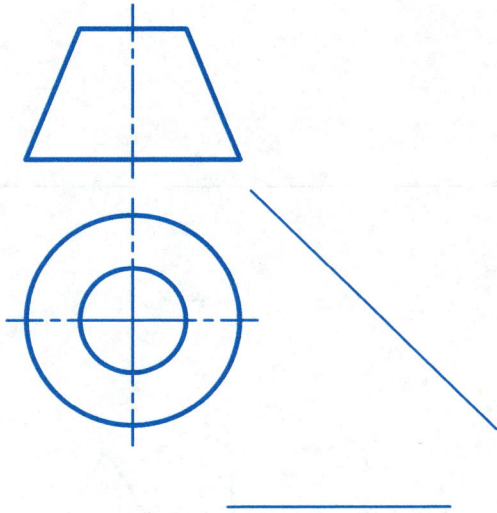

(4)

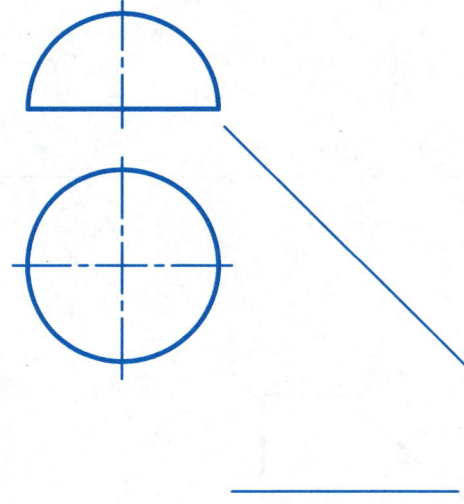

(5)

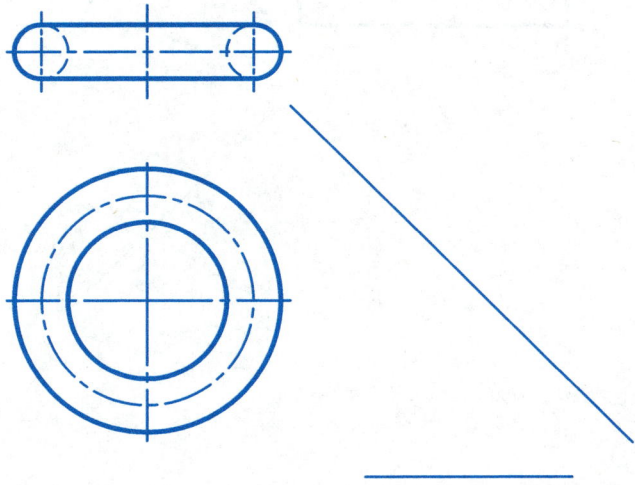

(6)

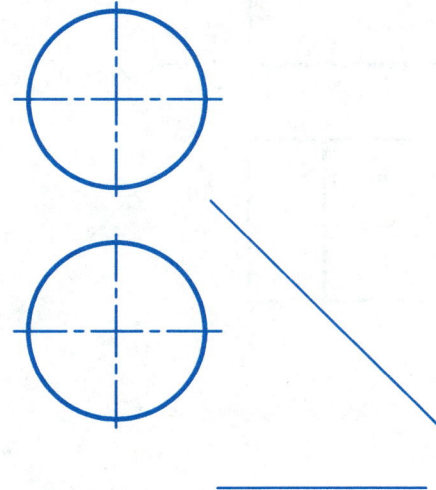

班级　　　　　　姓名　　　　　　学号

任务四　截交线

1.平面立体的截交线。

补画切割体的三视图或缺线。

（1）

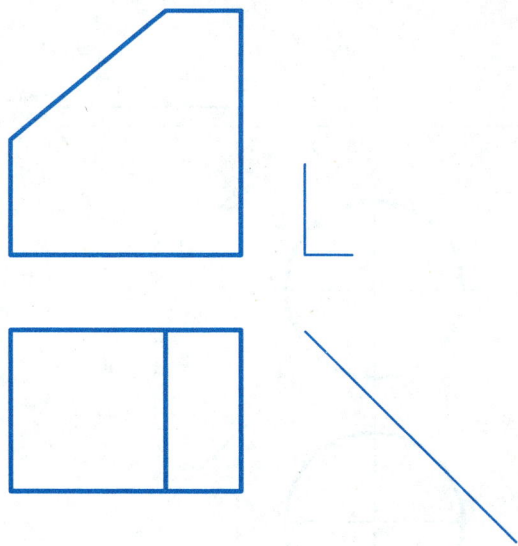

（2）

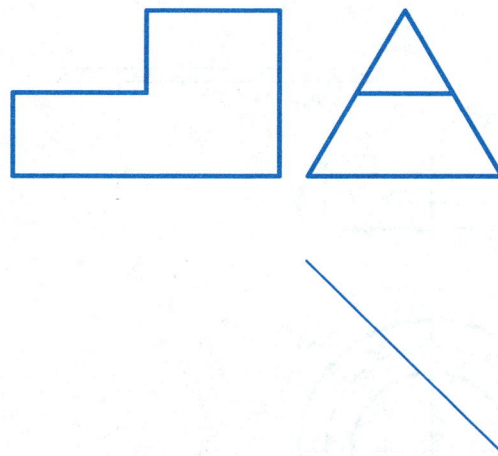

(3)

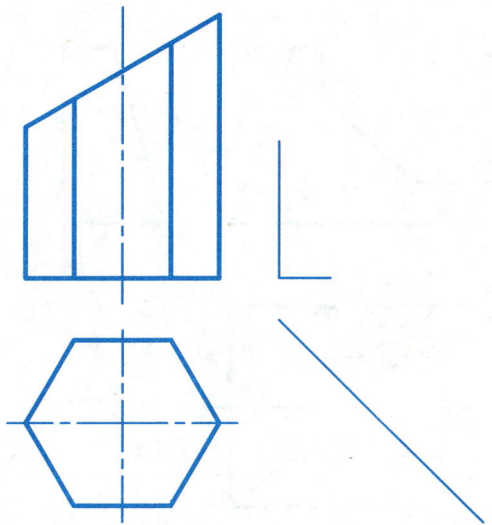

(4)

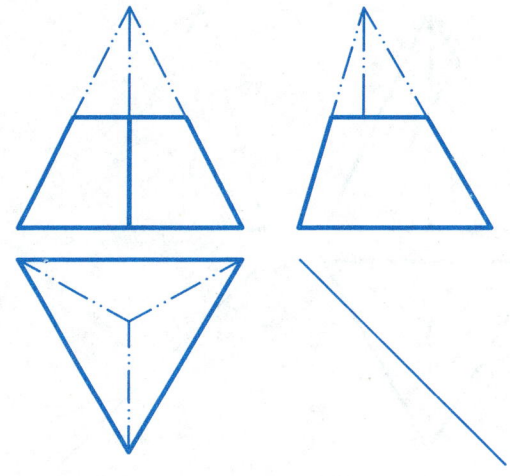

(5)

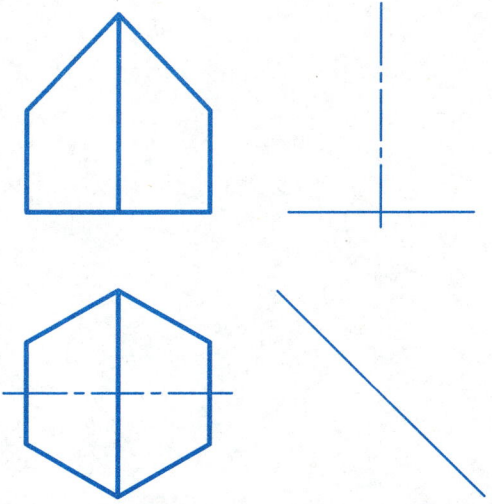

(6)

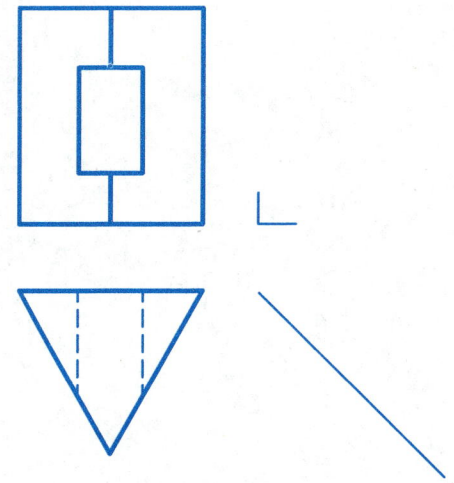

班级　　　　　　姓名　　　　　　学号

(7)

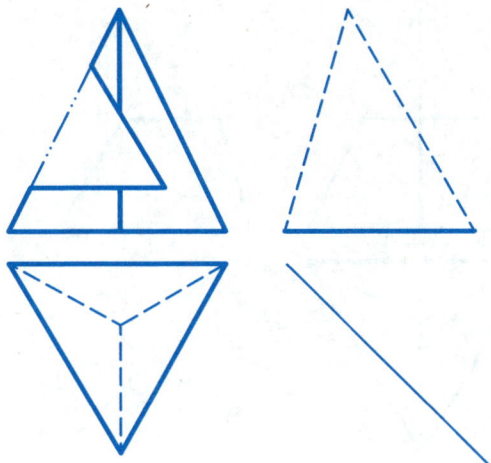

(8)

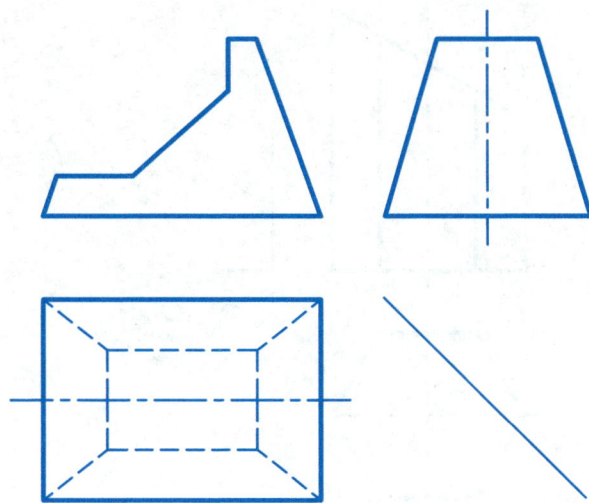

2.圆柱的截交线。

分析视图，想象形状，补全三视图。

（1）
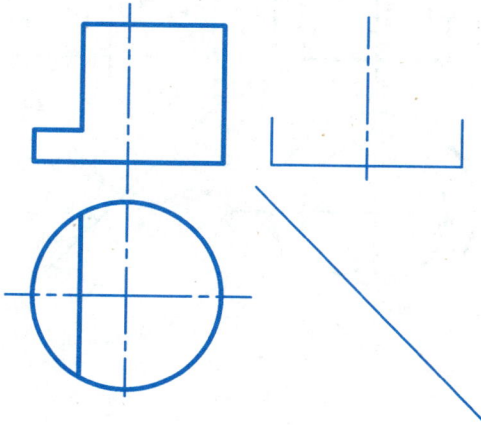

（2）
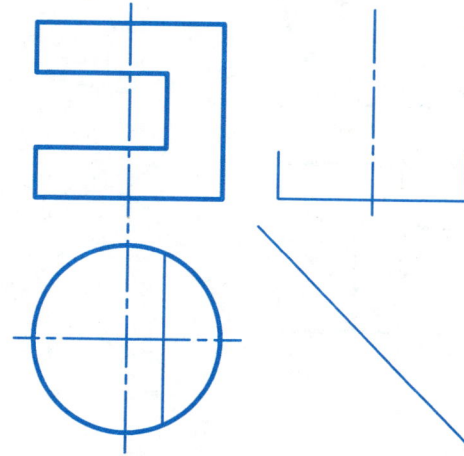

（3）
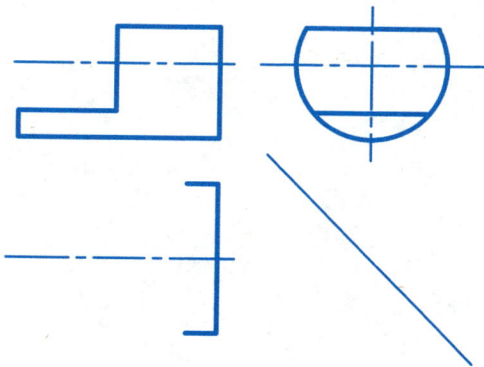

（4）
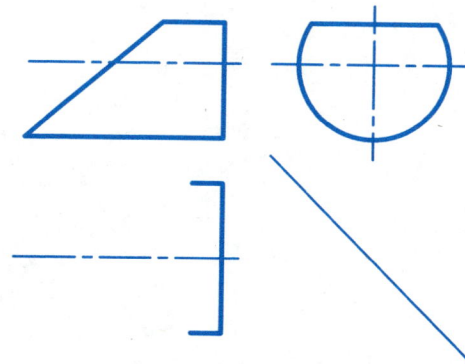

(5)

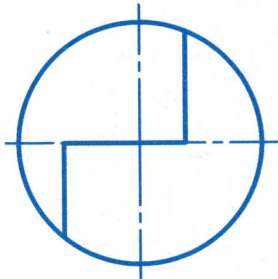

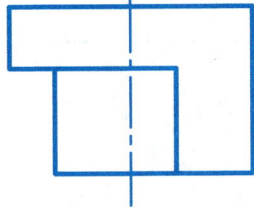

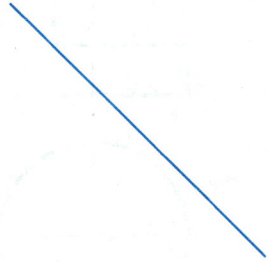

(6)

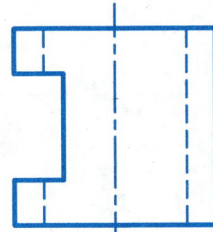

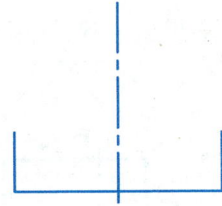

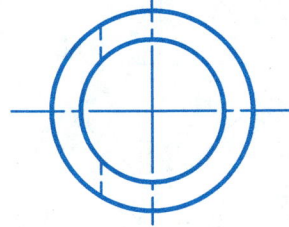

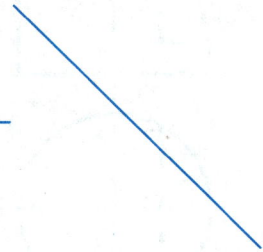

班级　　　　　　　姓名　　　　　　学号

3.圆锥的截交线。

分析视图，想象形状，补全三视图。

（1）

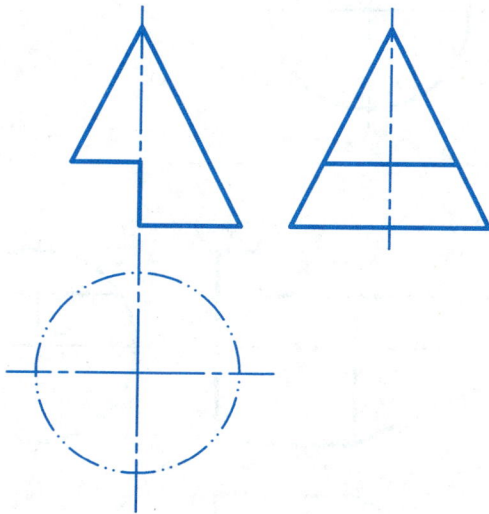

（2）

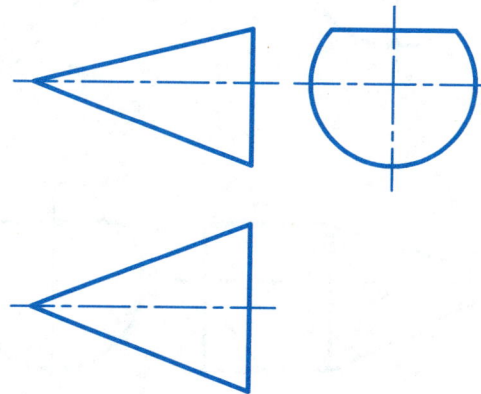

班级　　　　　　姓名　　　　　　学号

(3)

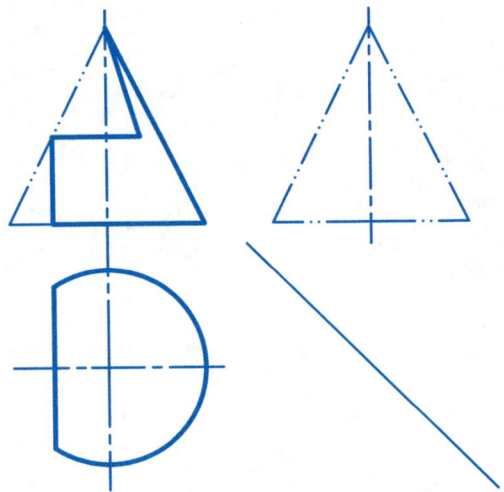

(4)

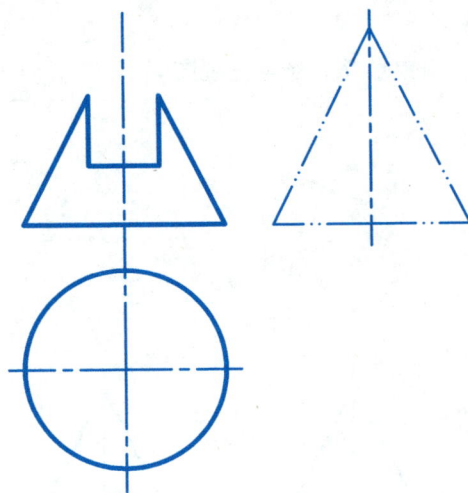

(5)

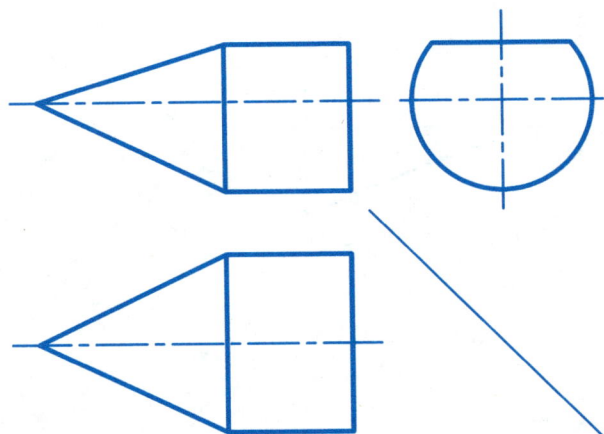

(6)

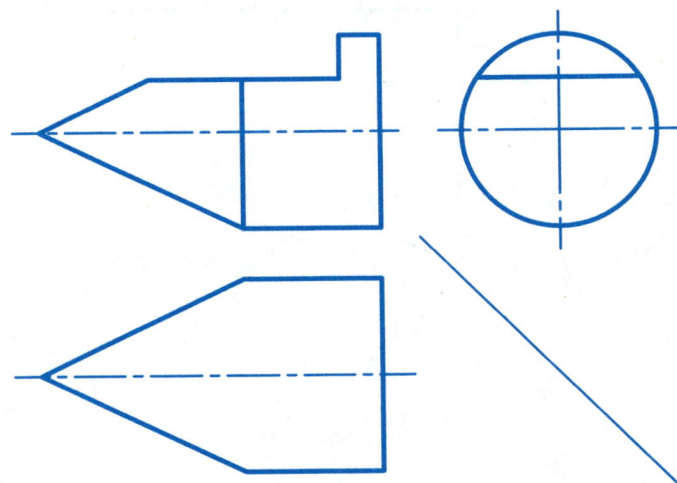

班级　　　　　　姓名　　　　　学号

4.圆球的截交线。

分析视图,想象形状,补全三视图。

（1）

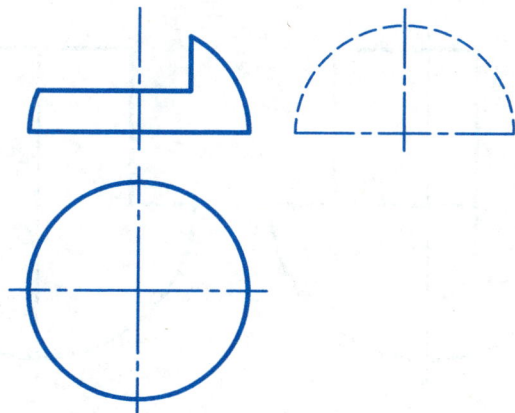

（2）

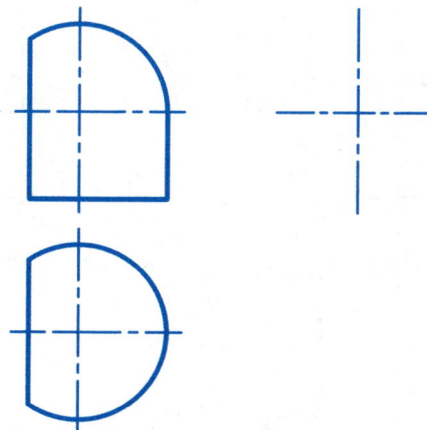

（3）

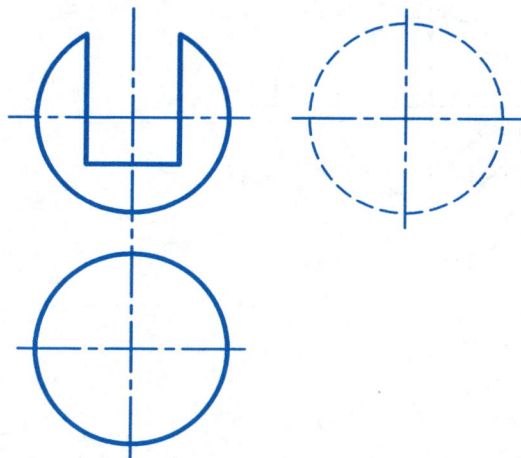

（4）

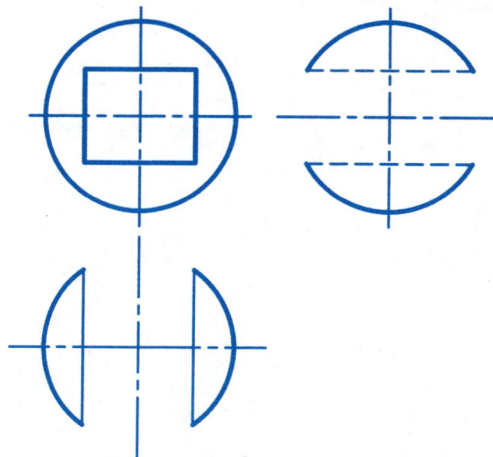

班级　　　　姓名　　　　学号

(5)

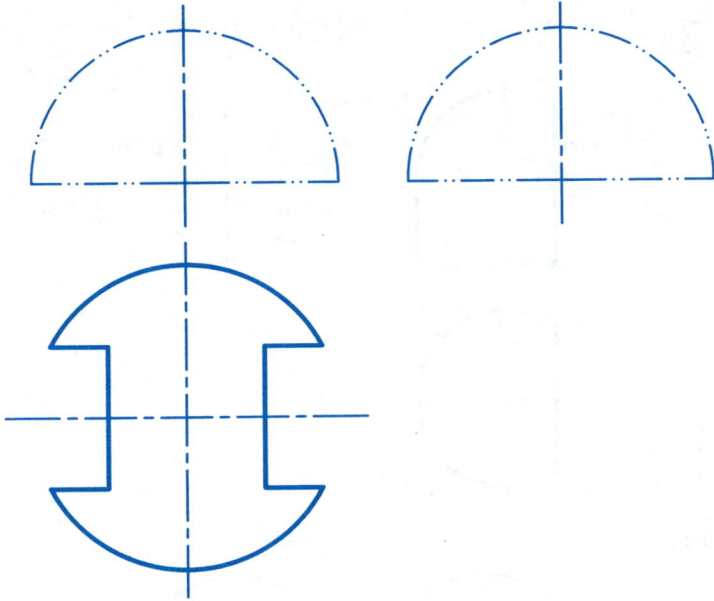

(6)

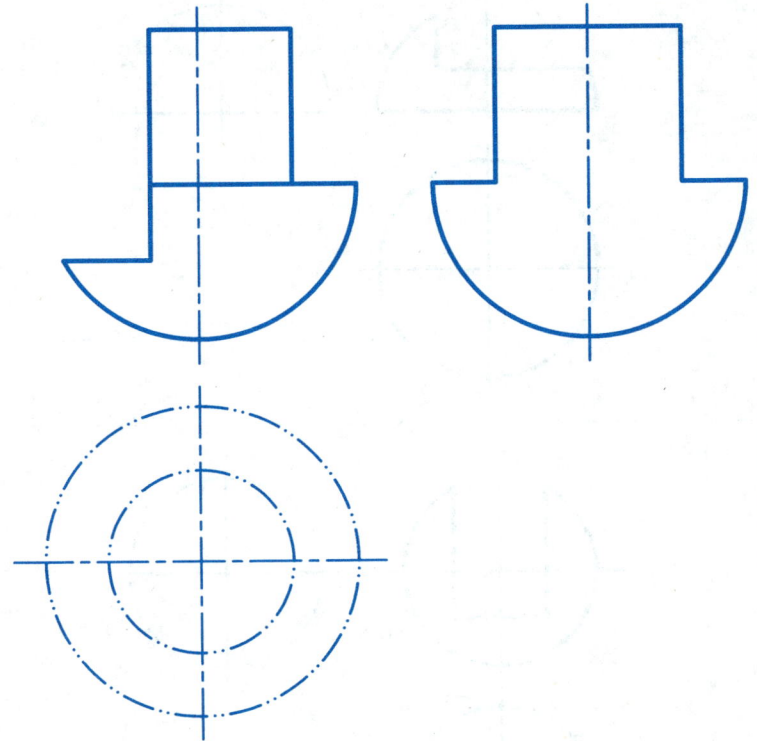

任务五　相贯线

1.圆柱正交相贯线。

分析视图，想象形状，补全三视图。

（1）

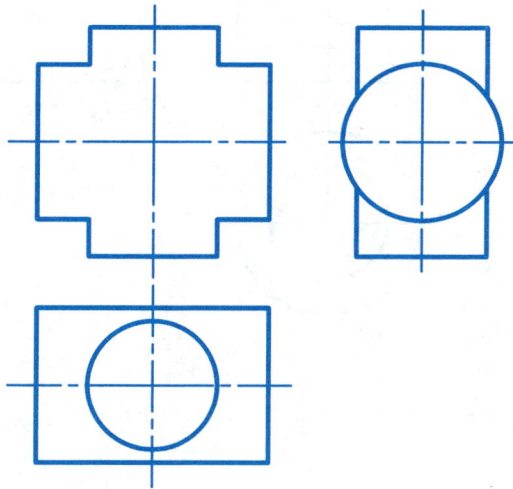

（2）

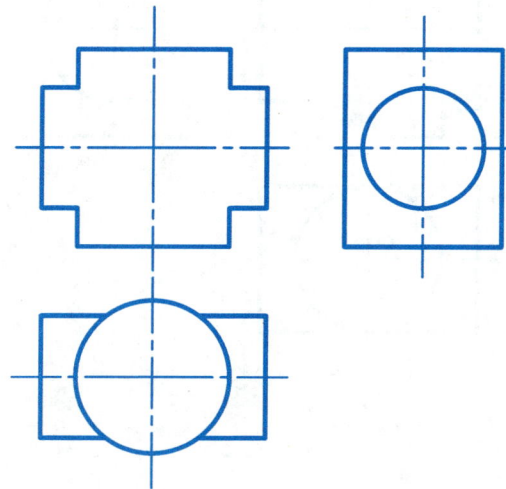

班级　　　　　姓名　　　　　学号

(3)

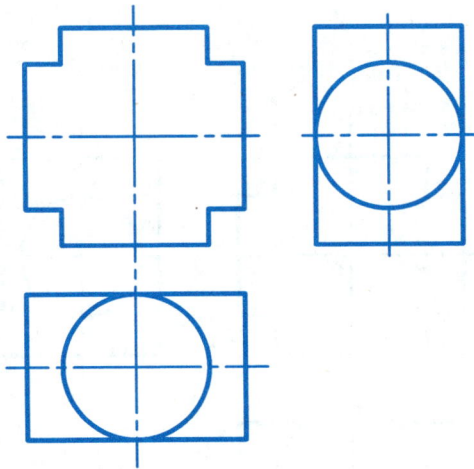

(4)

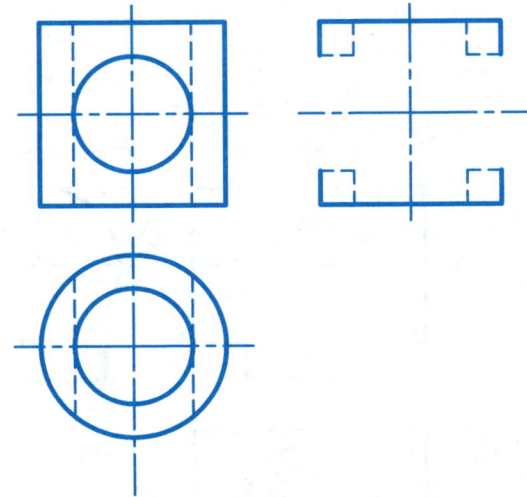

2. 其他立体相贯线。

分析视图，想象形状，补全三视图。

(1)

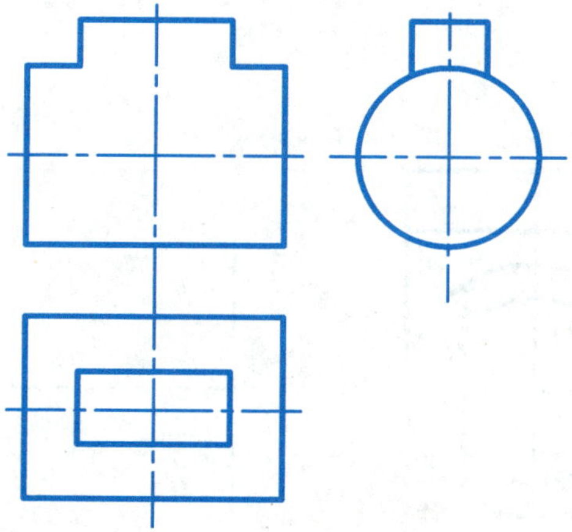

(2)

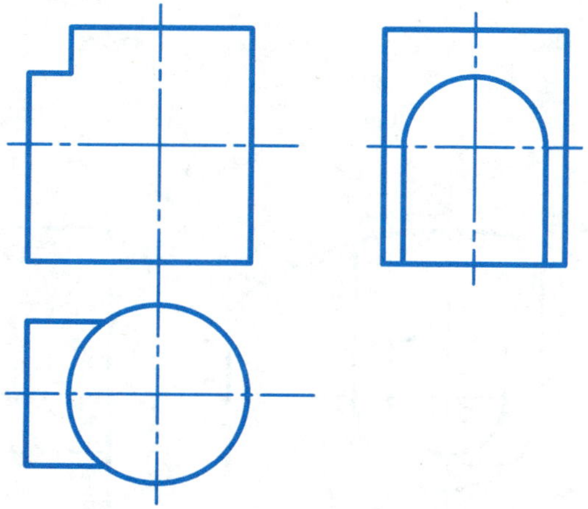

(3)

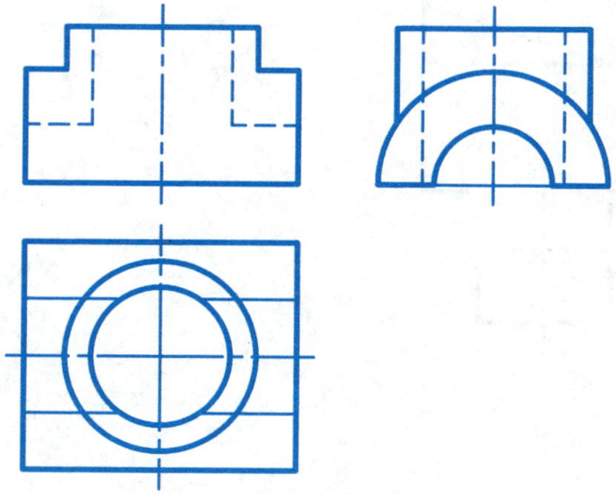

(4)

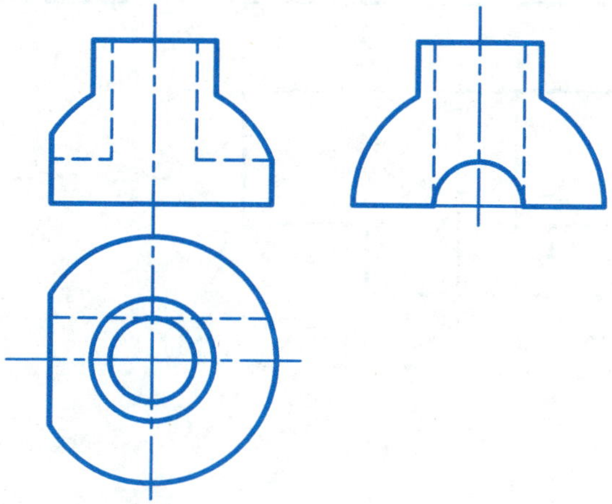

班级　　　　姓名　　　　学号

3. 综合习题。

分析视图，想象形状，补全三视图。

(1)

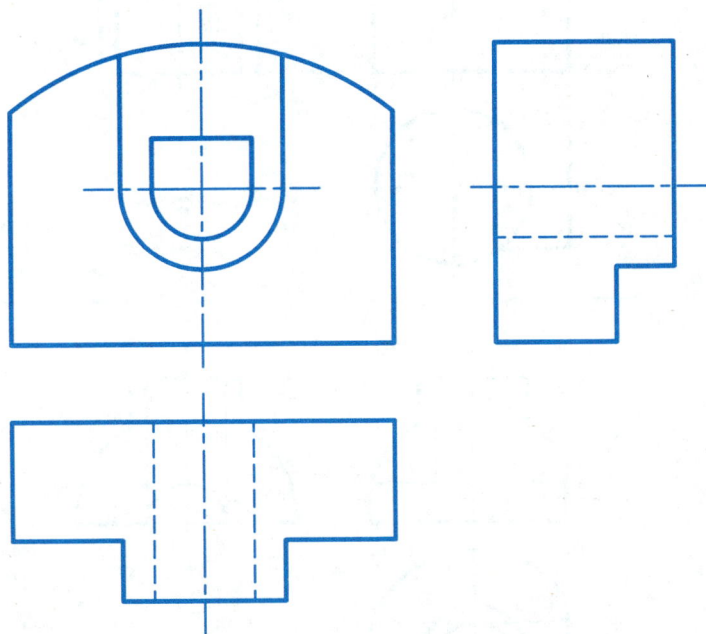

(2)

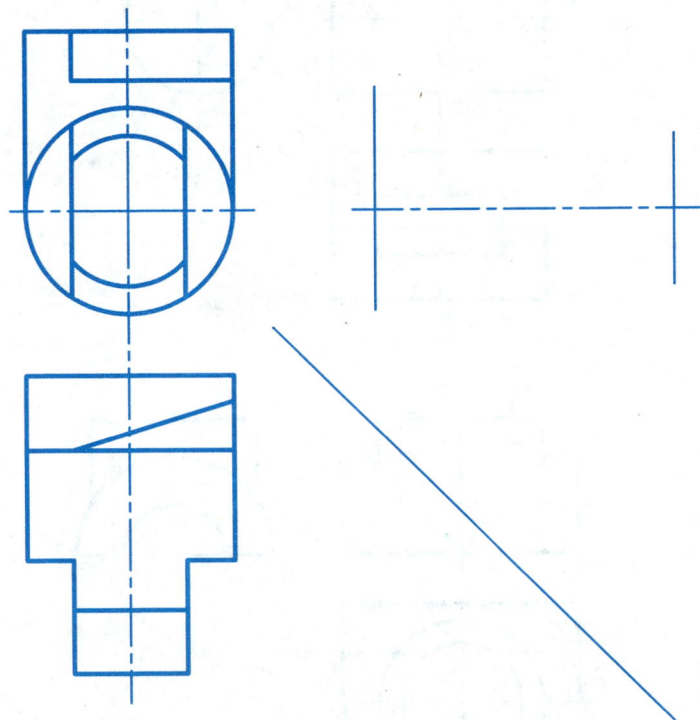

(3)

(4)

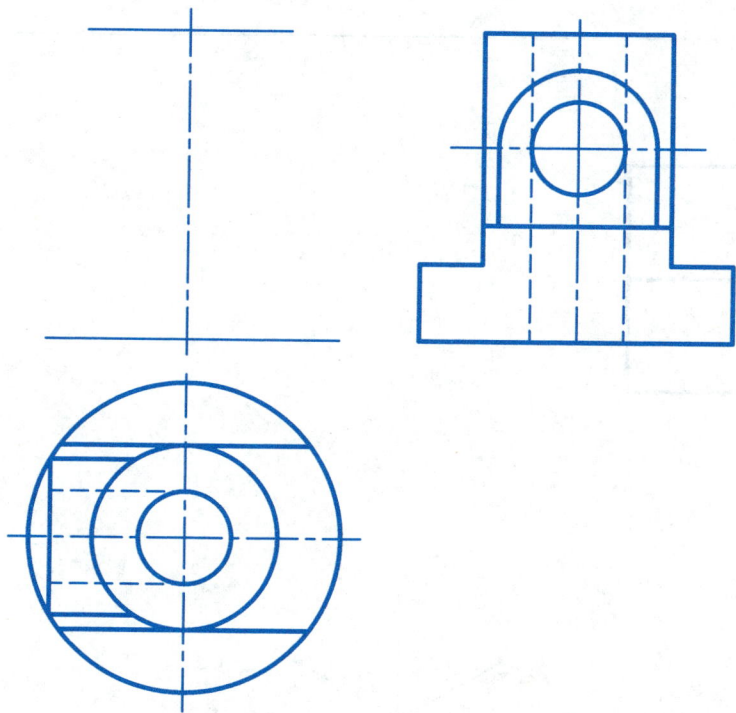

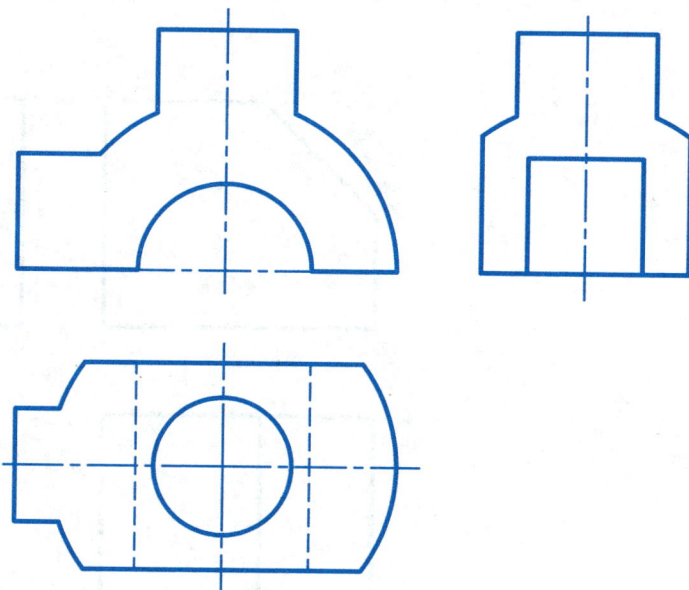

项目三　组合体

任务一　轴测图

1. 根据三视图，画正等轴测图。

(1)

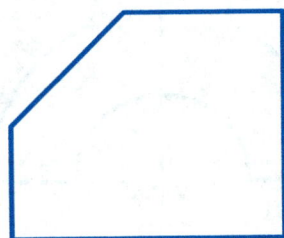

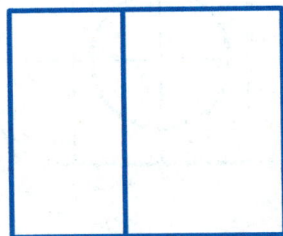

班级　　　　　　姓名　　　　　　学号

(2)

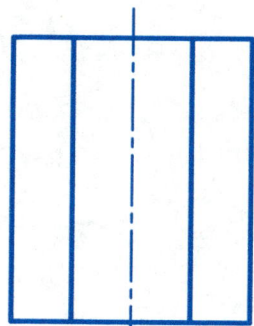

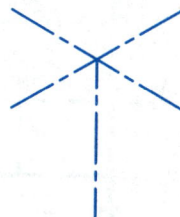
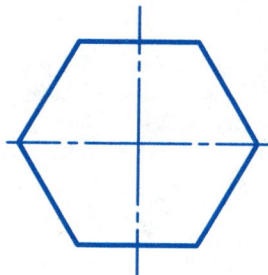

(3)

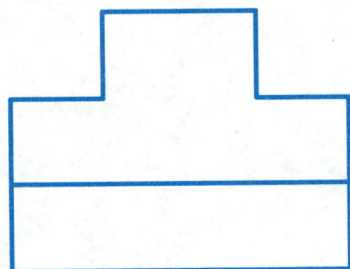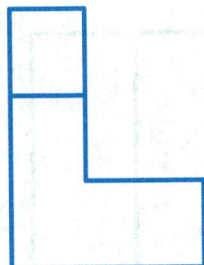

（4）

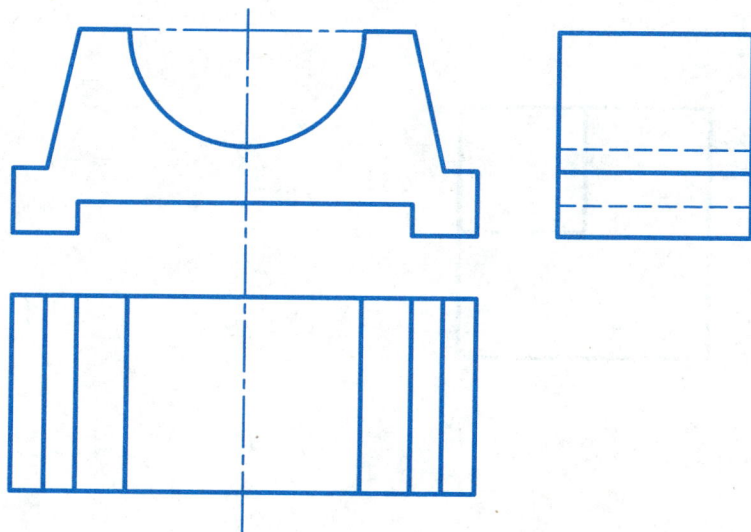

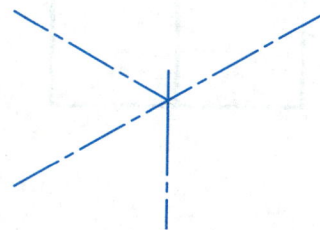

2. 根据三视图, 画斜二轴测图。

(1)

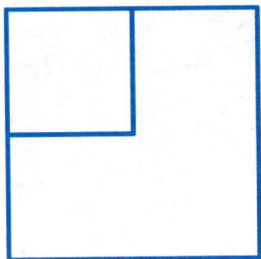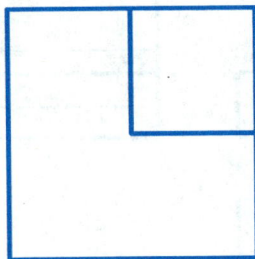

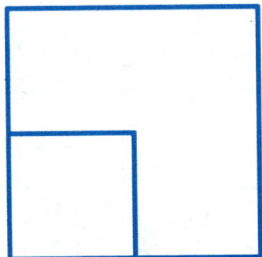

(2)

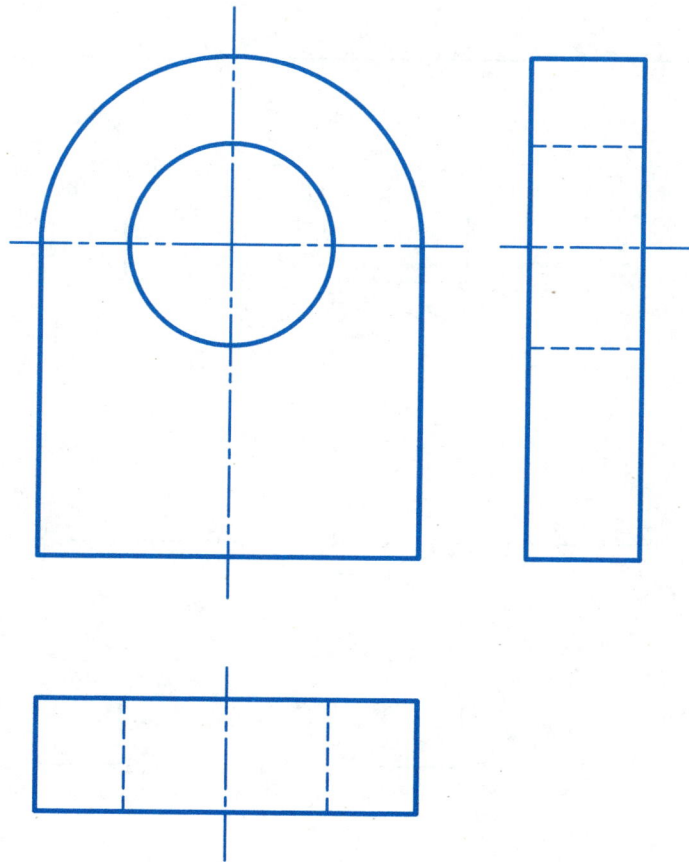

任务二　组合体视图

1. 根据主、俯视图，补画左视图，至少画出 3 种情况。

(1)

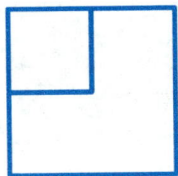

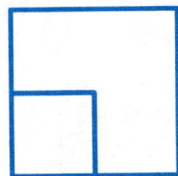

(2)

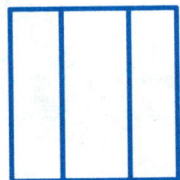

2.根据主、俯视图，补画左视图，至少画出 4 种情况。

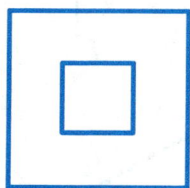

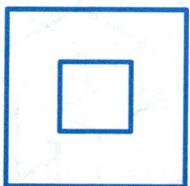

3. 根据轴测图的尺寸要求在指定位置画三视图。

（1）

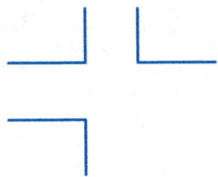

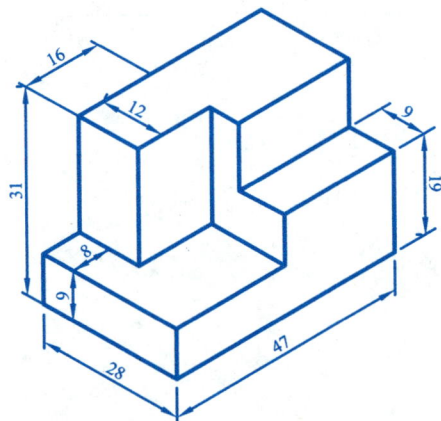

（2）

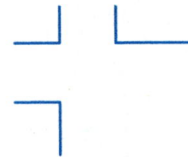

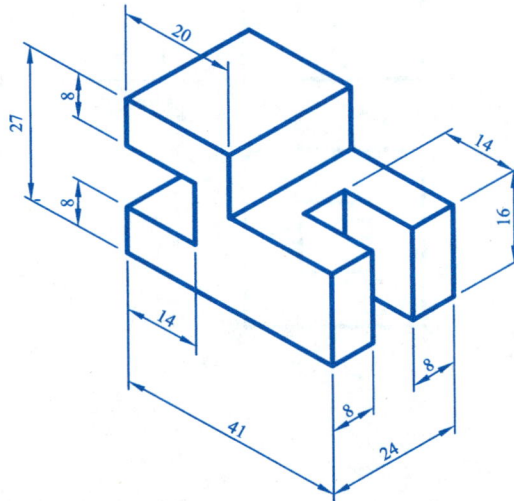

4. 根据轴测图画三视图。

（1）

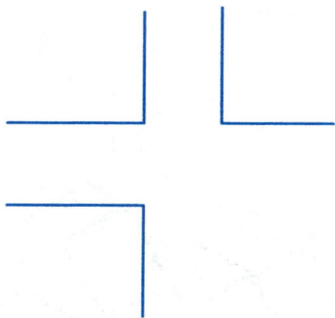

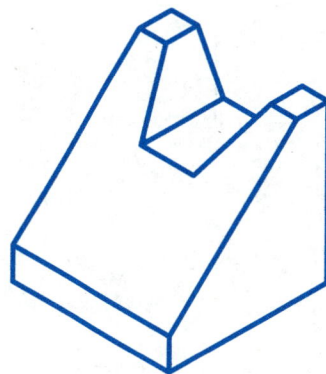

（2）

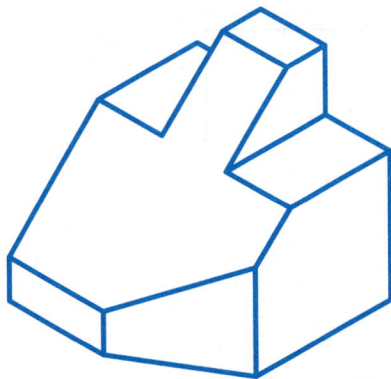

5.根据表面相切与相交原理补画三视图中的缺线。

（1）

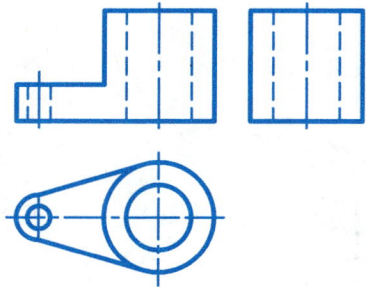

（2）

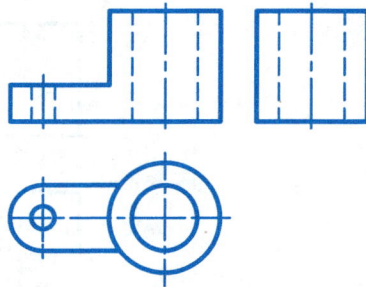

（3）

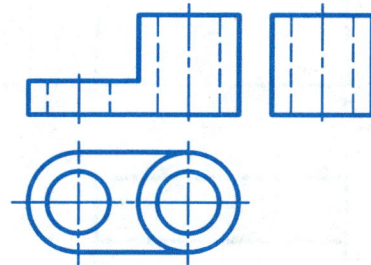

6.根据主视图与俯视图补画左视图。

（1）
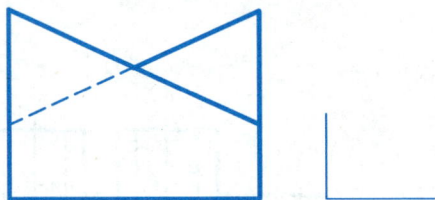

（2）
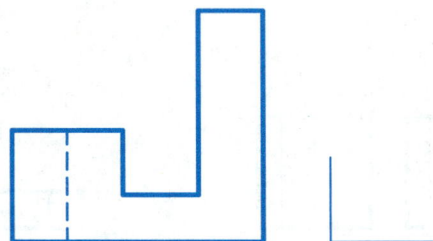
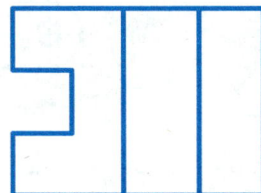

（3）
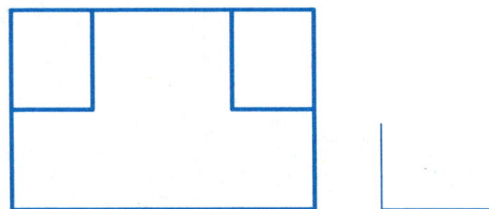
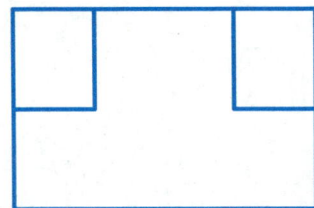

（4）
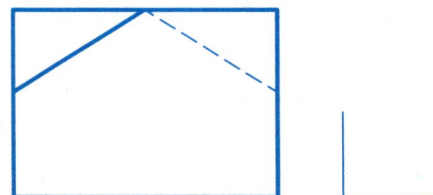
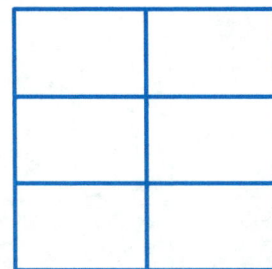

班级　　　　　　姓名　　　　　　学号

(5)

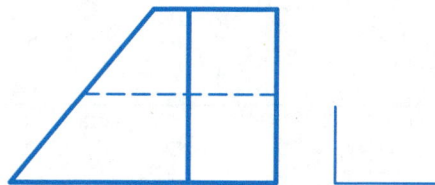

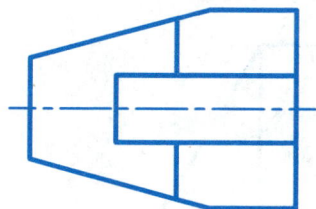

(6)

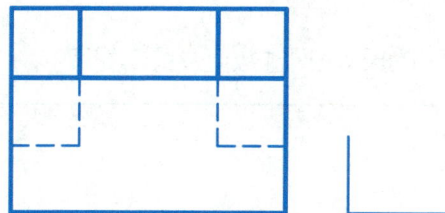

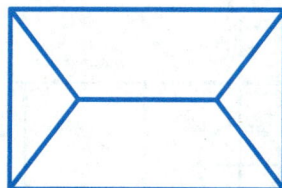

(7)

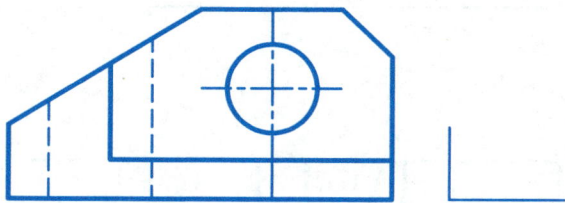

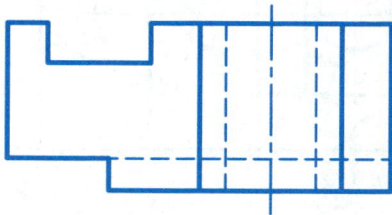

(8)

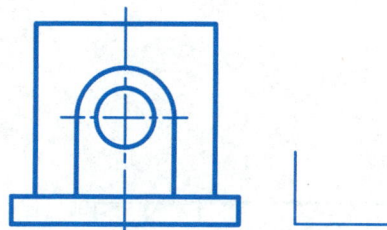

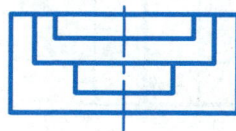

班级　　　　　　姓名　　　　　　学号

任务三　组合体尺寸标注

1. 补齐视图中缺注的尺寸（尺寸数值从图中量取）。

(1)

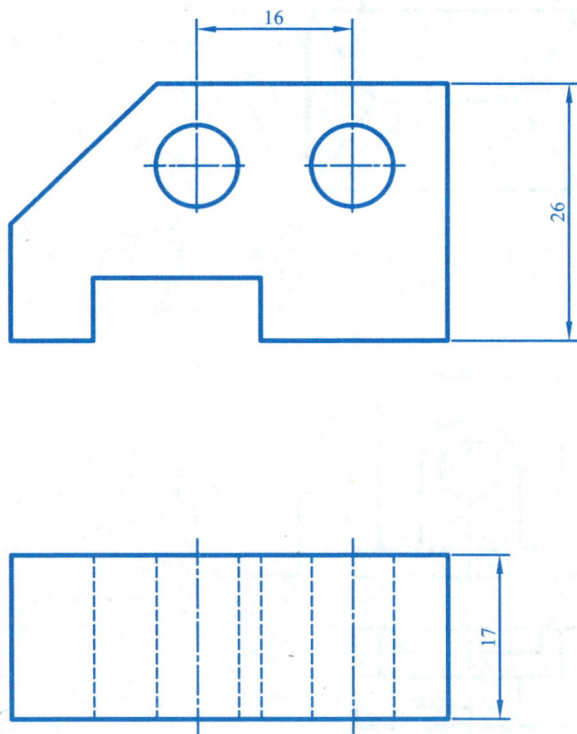

(2)

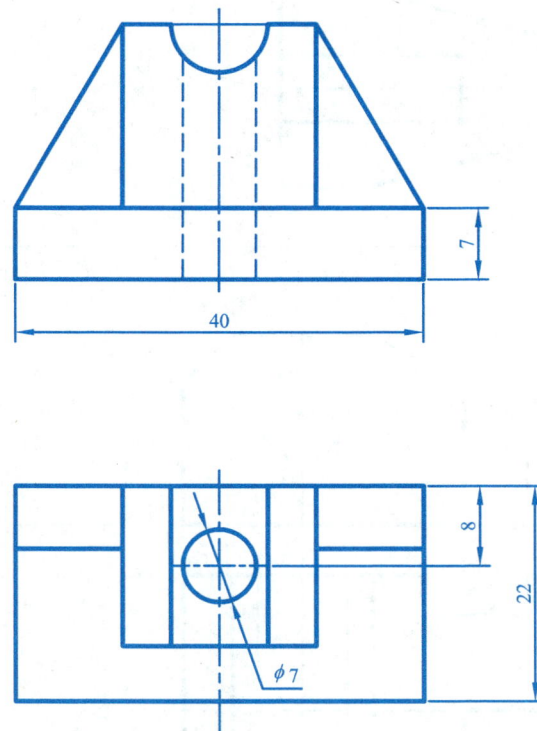

班级　　　　姓名　　　　学号

2.补画左视图并标注全部尺寸(尺寸数值从图中量取)。

(1)

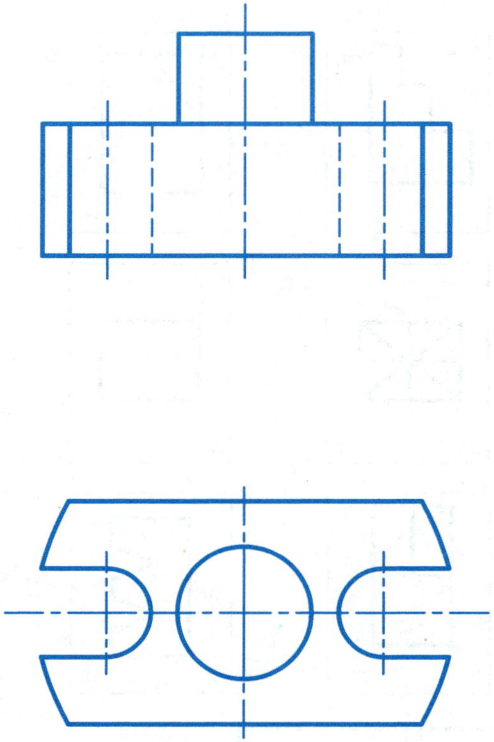

(2)

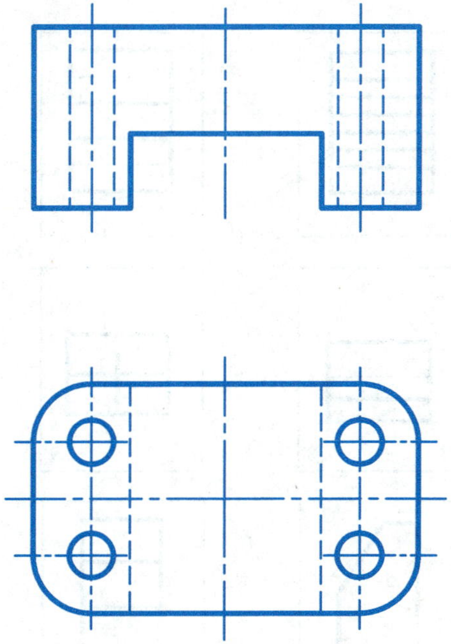

任务四　识读组合体视图

1.将各投影面上的视图组合起来，想象形体，搭配成正确的三视图组，并将编号填入表内。

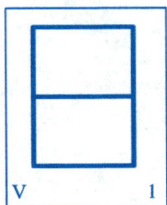

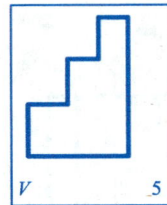

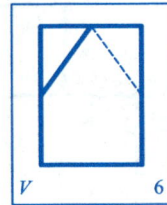

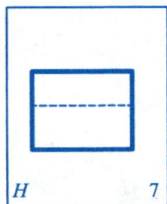

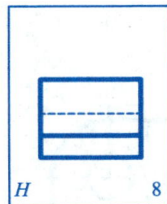

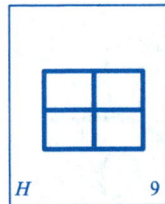

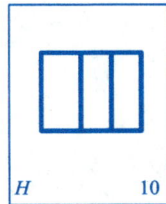

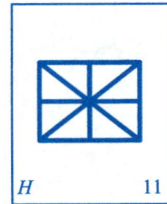

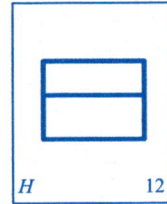

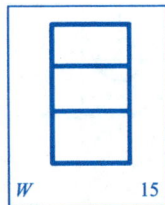

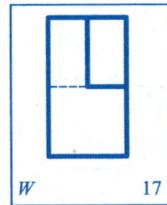

投影面	三视图对应的序号					
V	1	2	3	4	5	6
H						
W						

班级　　　　　　姓名　　　　　　学号

· 54 ·

2. 按所给定的主、左视图，想象形体，找出相对应的俯视图，并将编号填入表内。

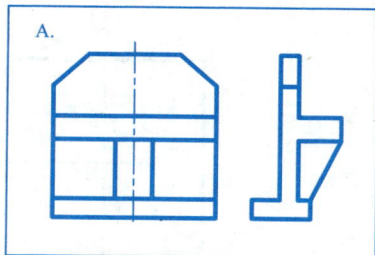

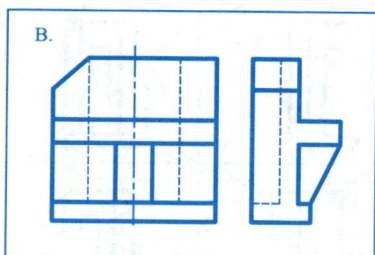

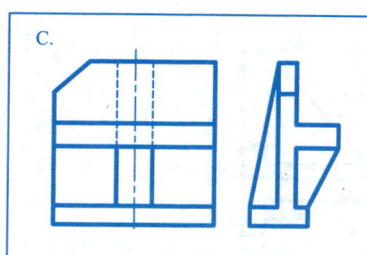

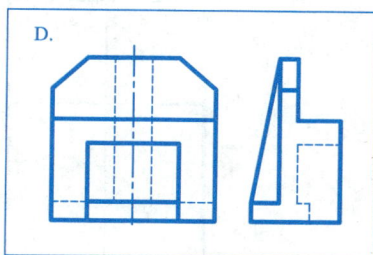

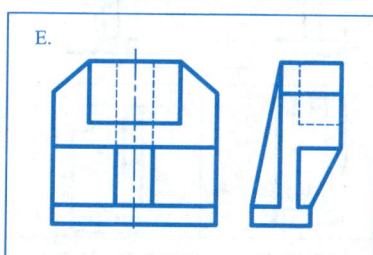

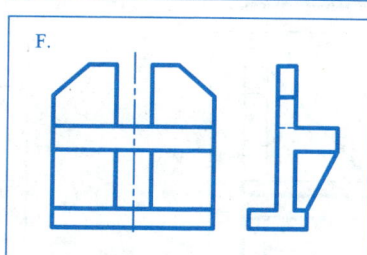

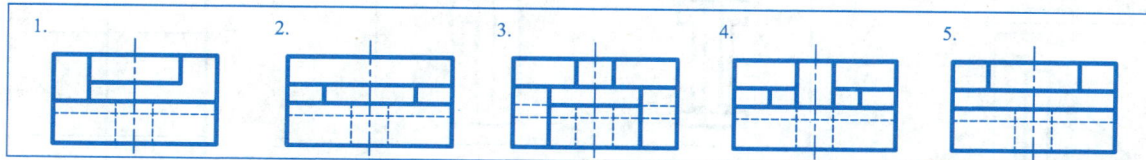

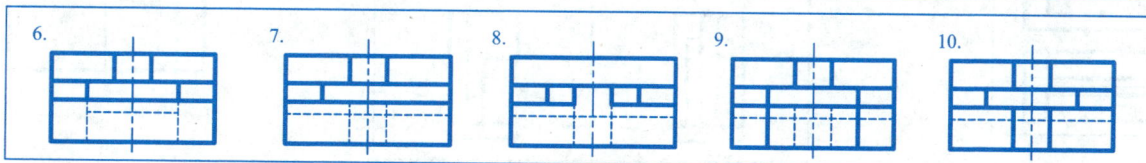

A.

B.

C.

D.

E.

F.

1.

2.

3.

4.

5.

6.

7.

8.

9.

10.

题号	答案
A	
B	
C	
D	
E	
F	

班级　　　　　　姓名　　　　　学号

3. 按所给定的主、俯视图，想象形体，在左边找出相对应的左视图，将编号填入表内。

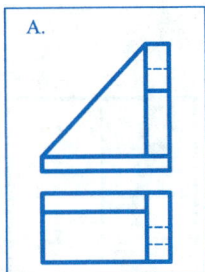

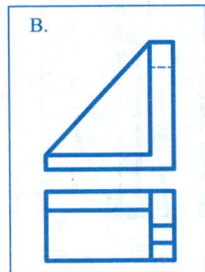

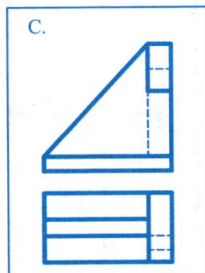

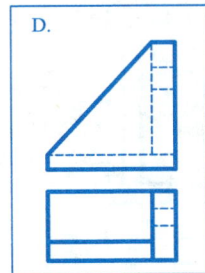

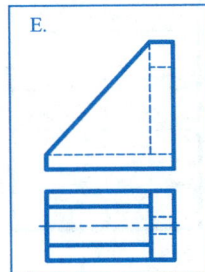

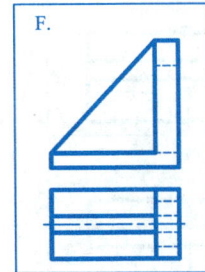

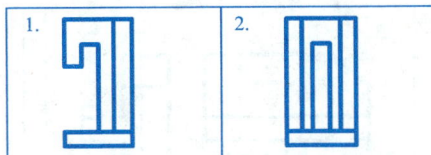

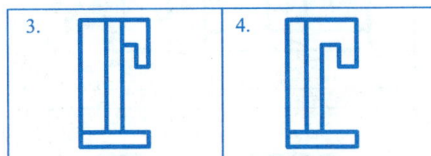

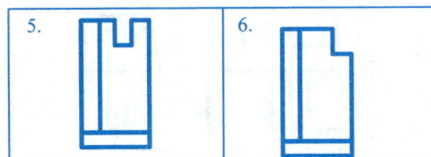

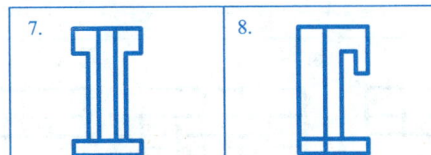

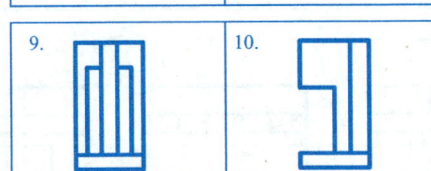

A.

B.

C.

D.

E.

F.

1.

2.

3.

4.

5.

6.

7.

8.

9.

10.

题号	答案
A	
B	
C	
D	
E	
F	

班级　　　　　　姓名　　　　　　学号

4. 按照投影原理，判断下面三视图是否正确。在对应的表格中画"√"或"×"。

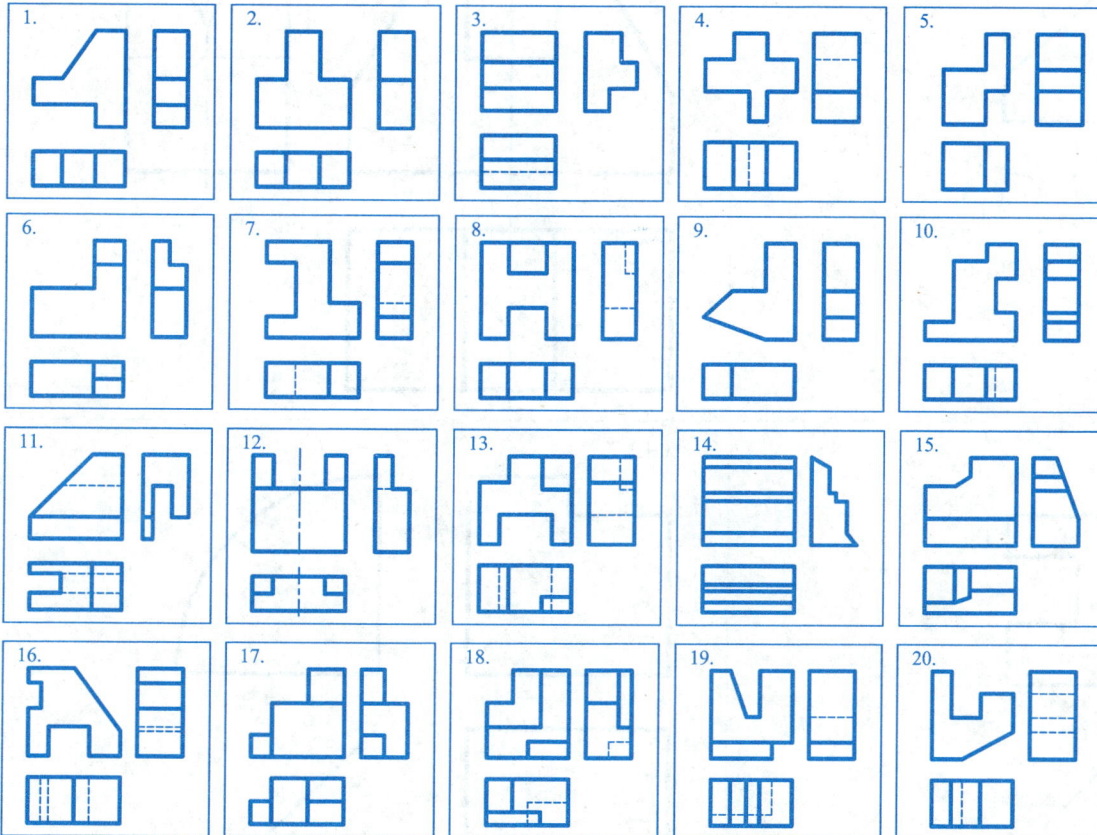

题号	答案	题号	答案
1		11	
2		12	
3		13	
4		14	
5		15	
6		16	
7		17	
8		18	
9		19	
10		20	

班级　　　　　姓名　　　　　学号

5. 补画三视图中缺线。

(1)
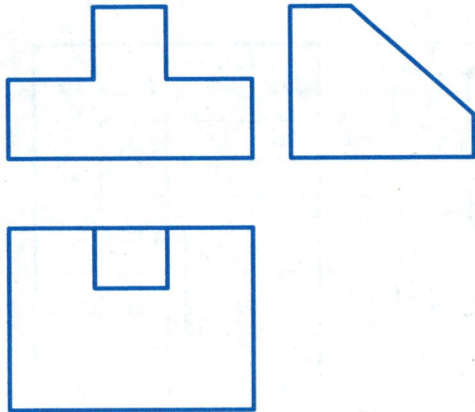

(2)
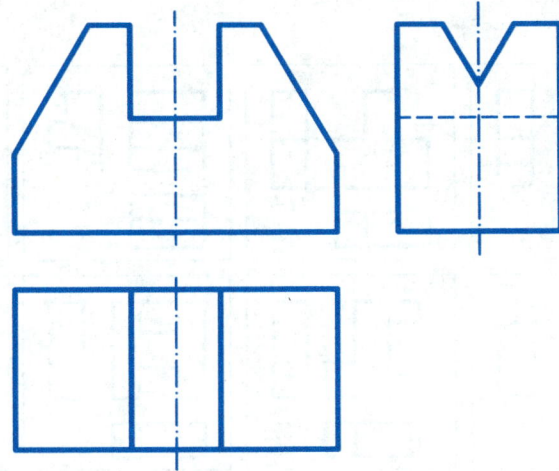

(3)
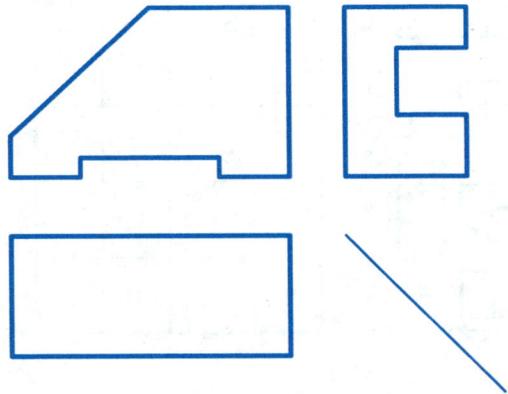

(4)
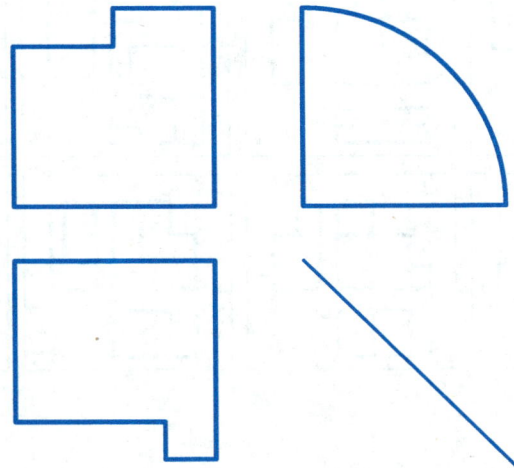

班级　　　　姓名　　　　学号

(5)

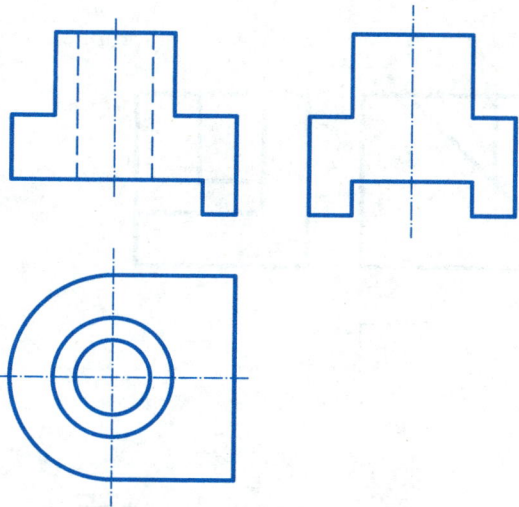

(6)

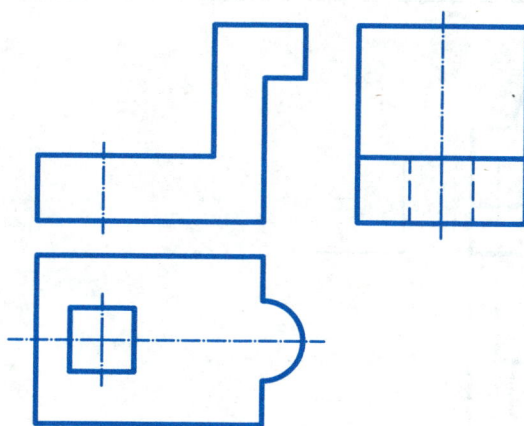

6.补画第三视图。

(1)
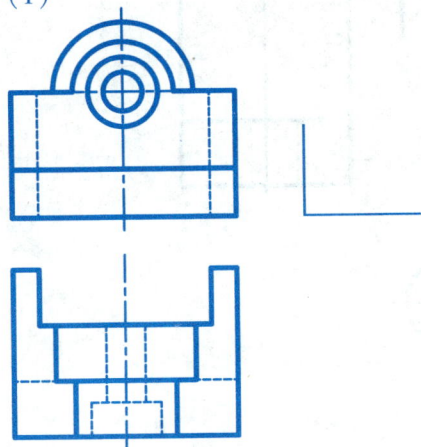

(2)
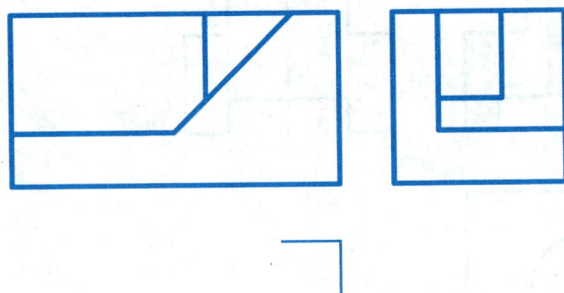

(3)
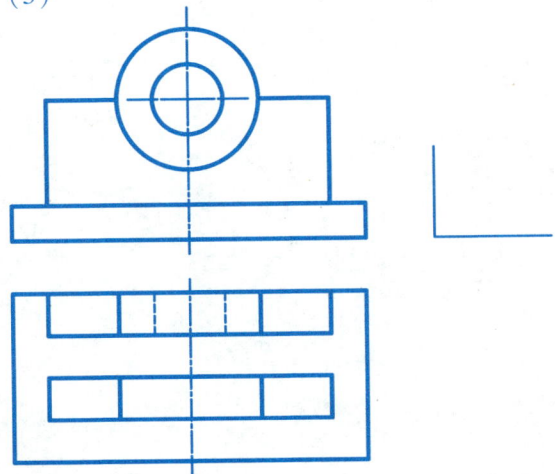

(4)
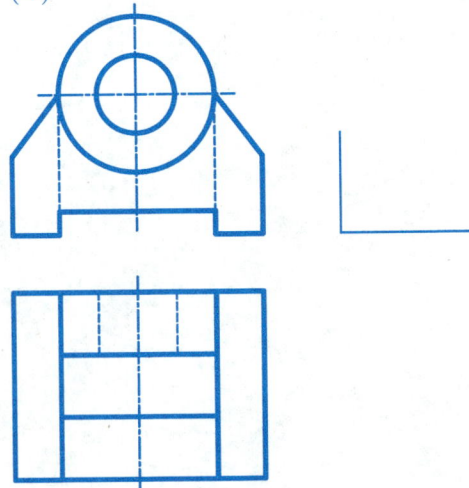

班级　　　　　姓名　　　　　学号

（5）

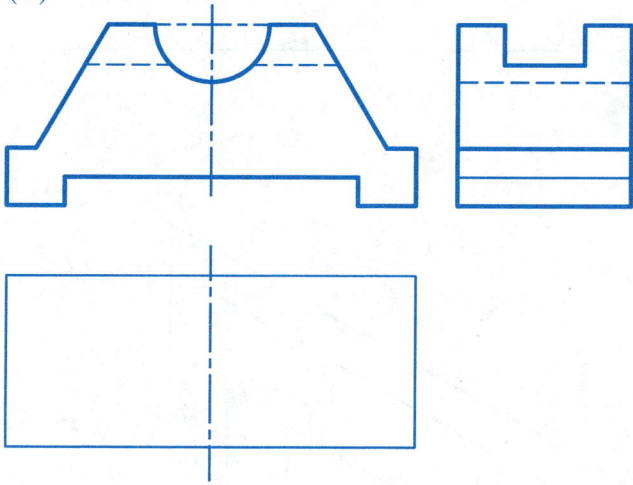

（6）

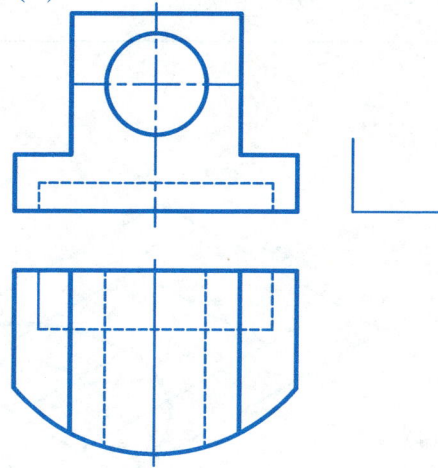

（7）

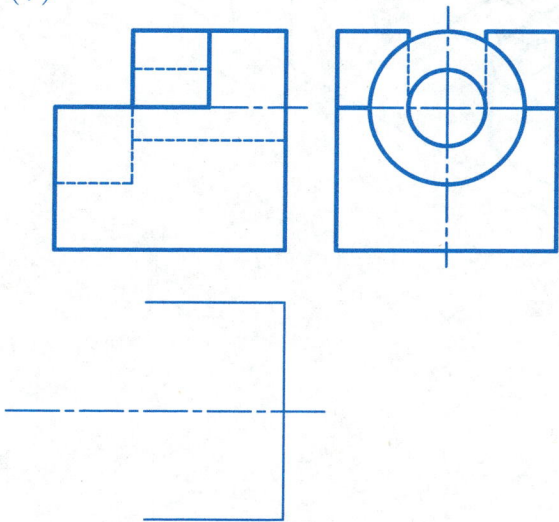

（8）

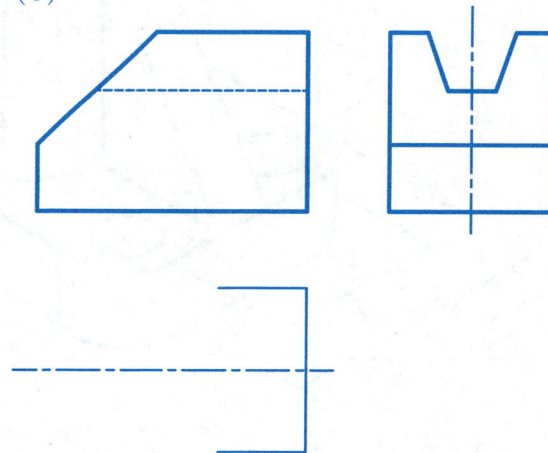

7. 根据正等轴测图在 A4 图纸上绘制三视图。

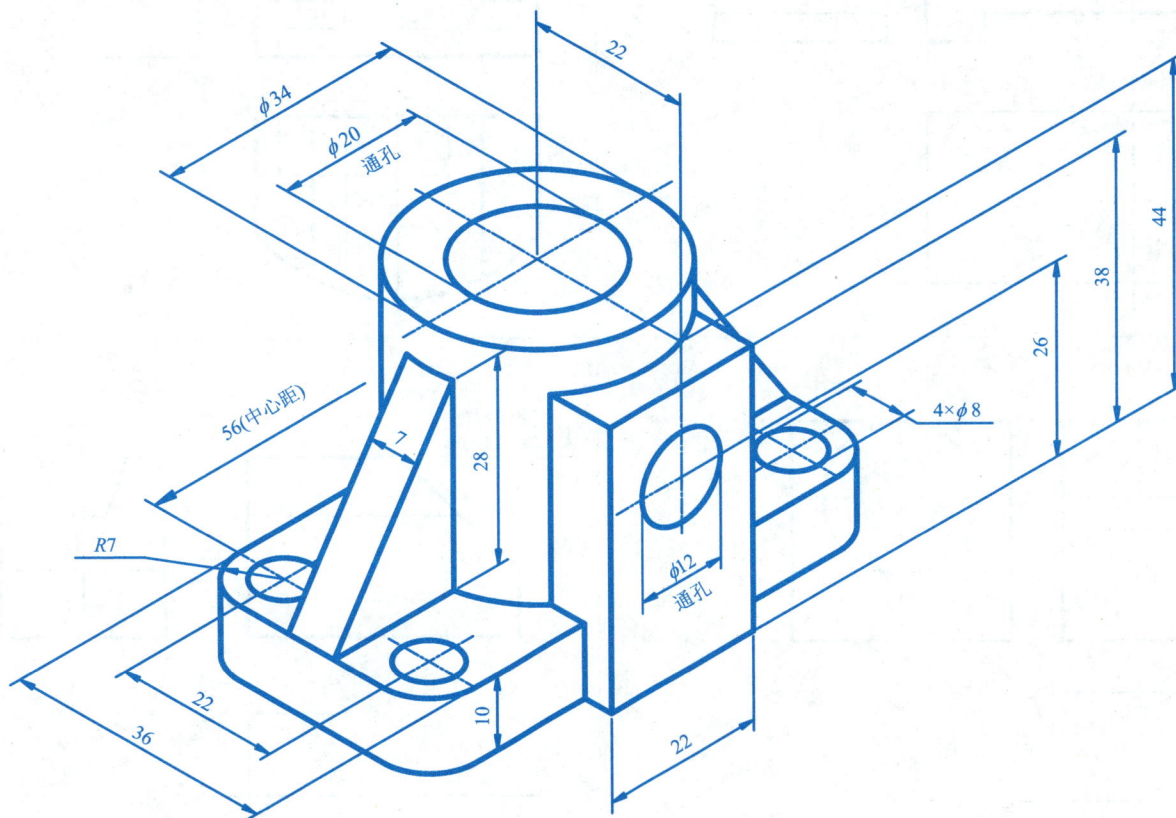

φ34

φ20
通孔

22

44

38

26

56(中心距)

7

28

4×φ8

R7

φ12
通孔

22

36

10

22

项目四　机件的基本表达法

任务一　视图

1. 根据三视图，在指定位置补齐六视图。

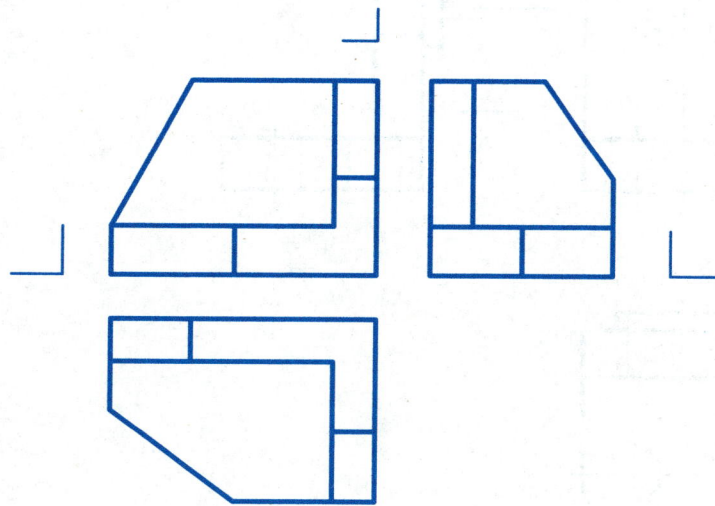

2. 根据三视图，在指定位置补齐向视图。

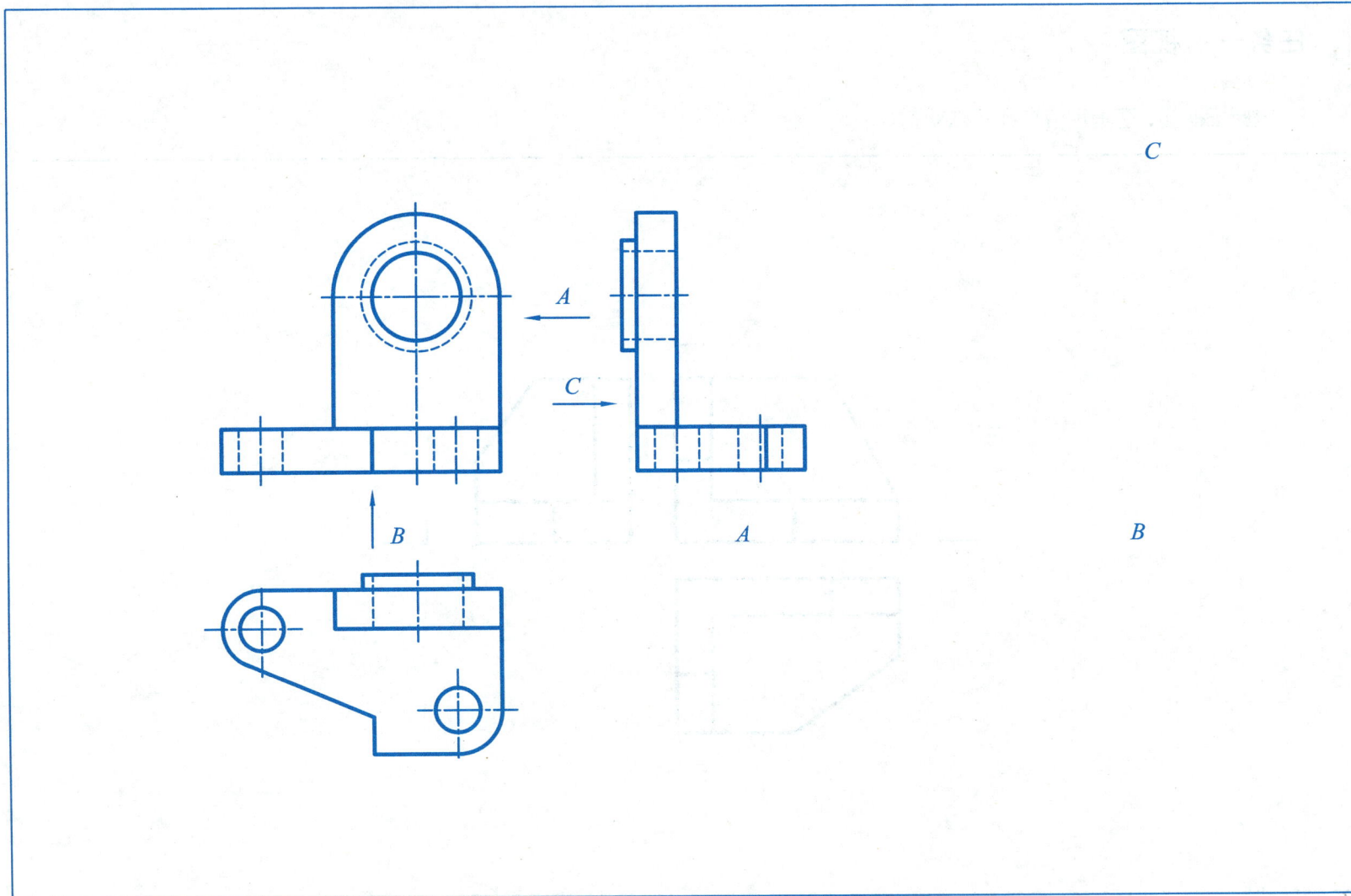

3.根据主、俯视图，在指定位置补齐斜视图和局部视图。

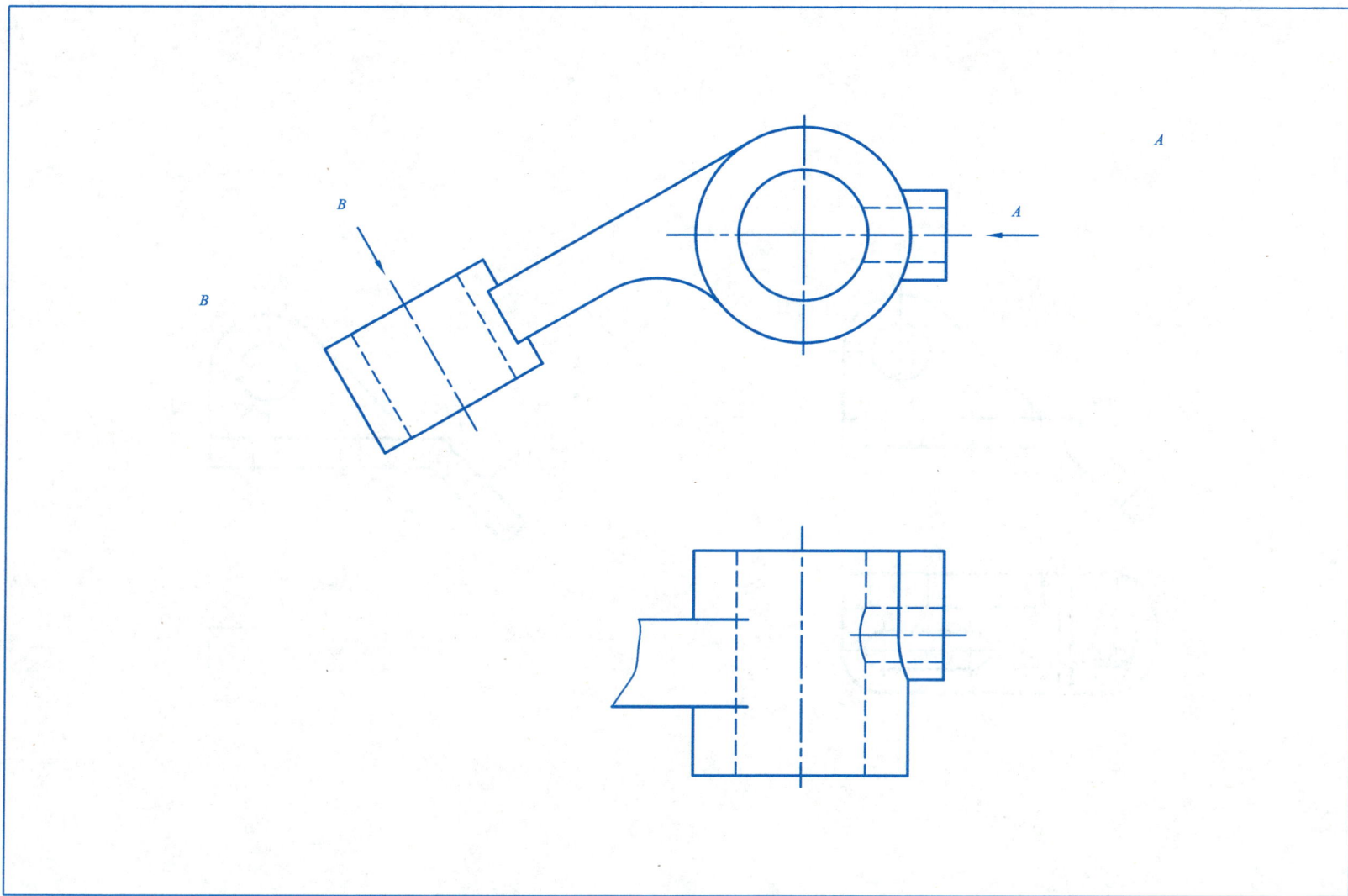

班级　　　　　　姓名　　　　　　学号

4.根据左边已知的主、俯视图，改成右边的主视图、斜视图和局部视图表达该机件。

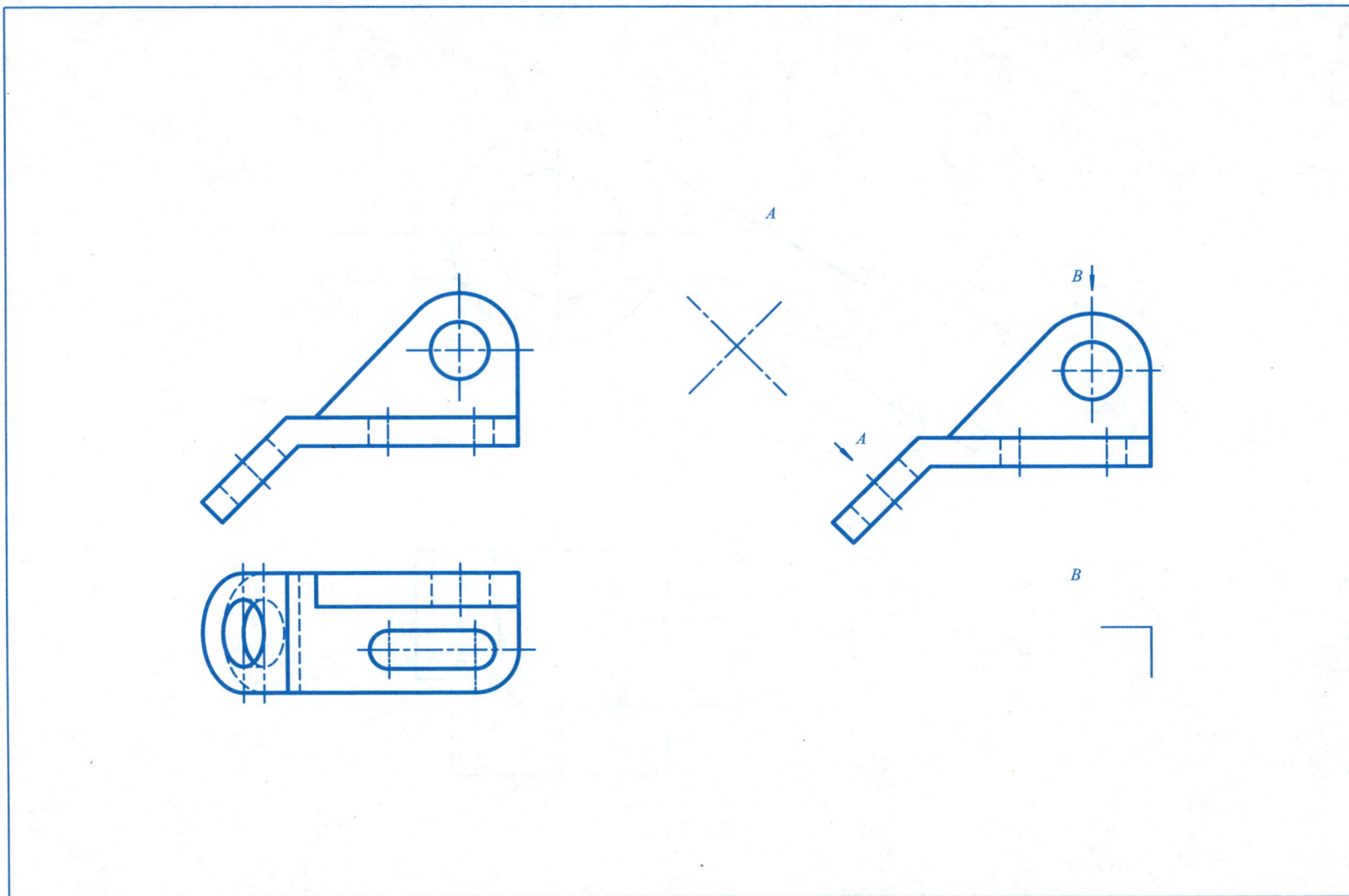

A

B

A

B

任务二　剖视图

1. 将主视图改成全剖视图。

（1）	（2）	（3）
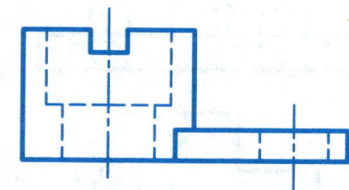 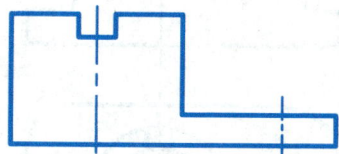 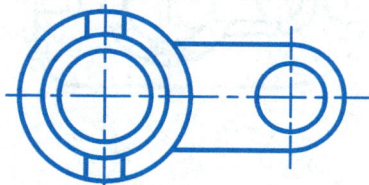	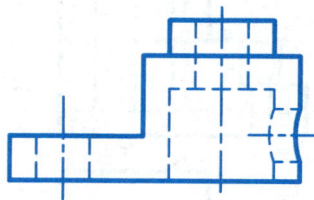 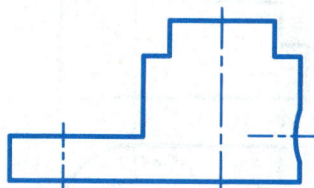 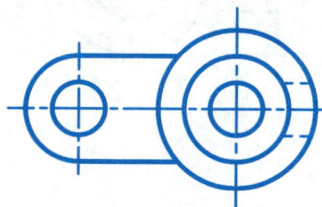	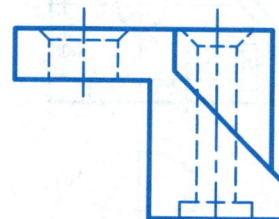 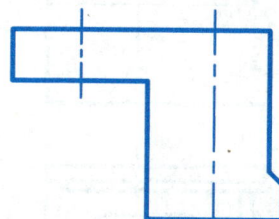 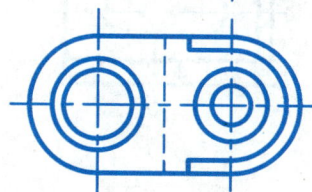

(4)

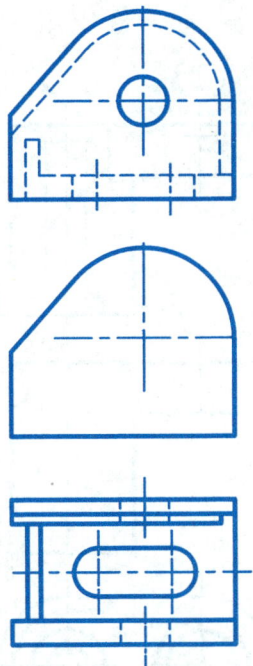

(5)

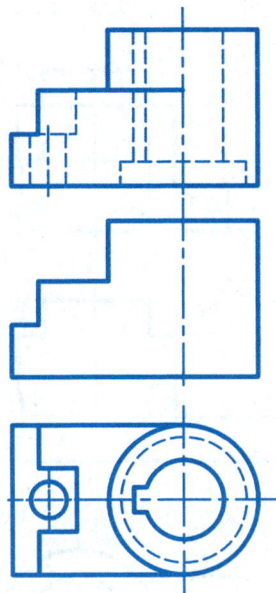

(6)

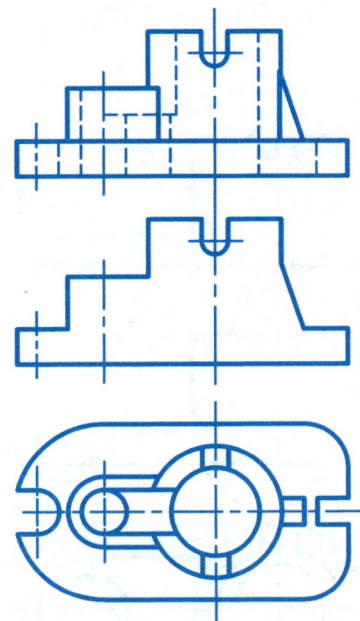

2. 判断剖视图的正误并在相应的词上画"√"，并说出错误图例的错误原因。

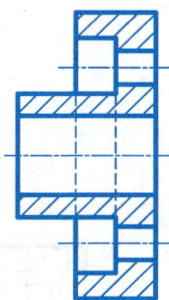 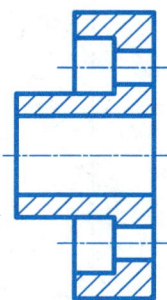 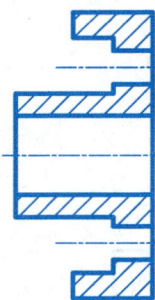 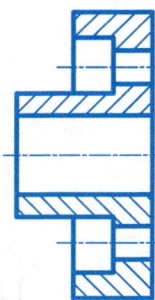 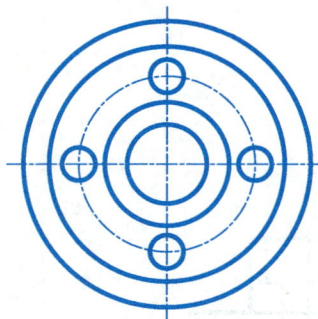

（正确、错误）　　（正确、错误）　　（正确、错误）　　（正确、错误）

（正确、错误）　　　　　　（正确、错误）　　　　　　（正确、错误）

班级　　　　　　　姓名　　　　　　　学号

3.将主视图改成半剖视图。

（1）

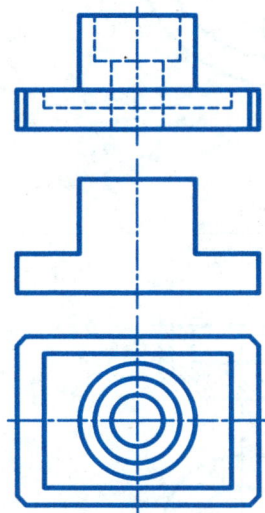

（2）

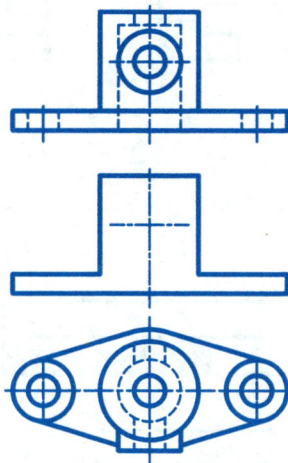

（3）

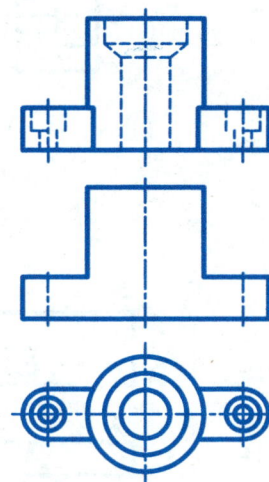

班级　　　　　　姓名　　　　　　学号

(4)

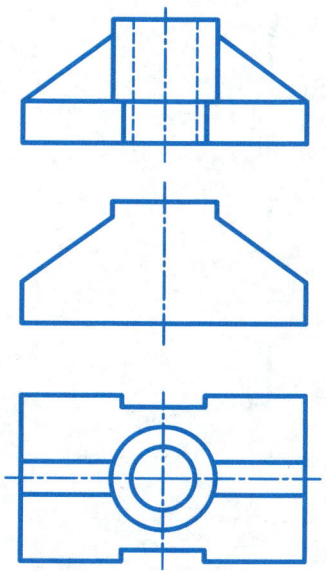

(5)

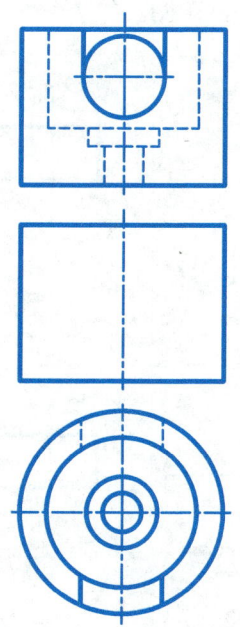

(6)

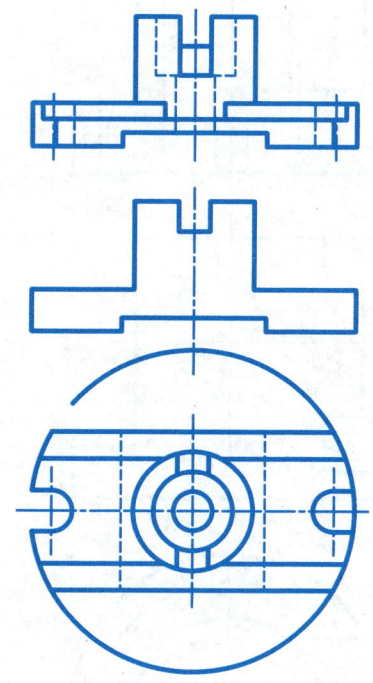

4.将主视图改成全剖视图，并作半剖的左视图。

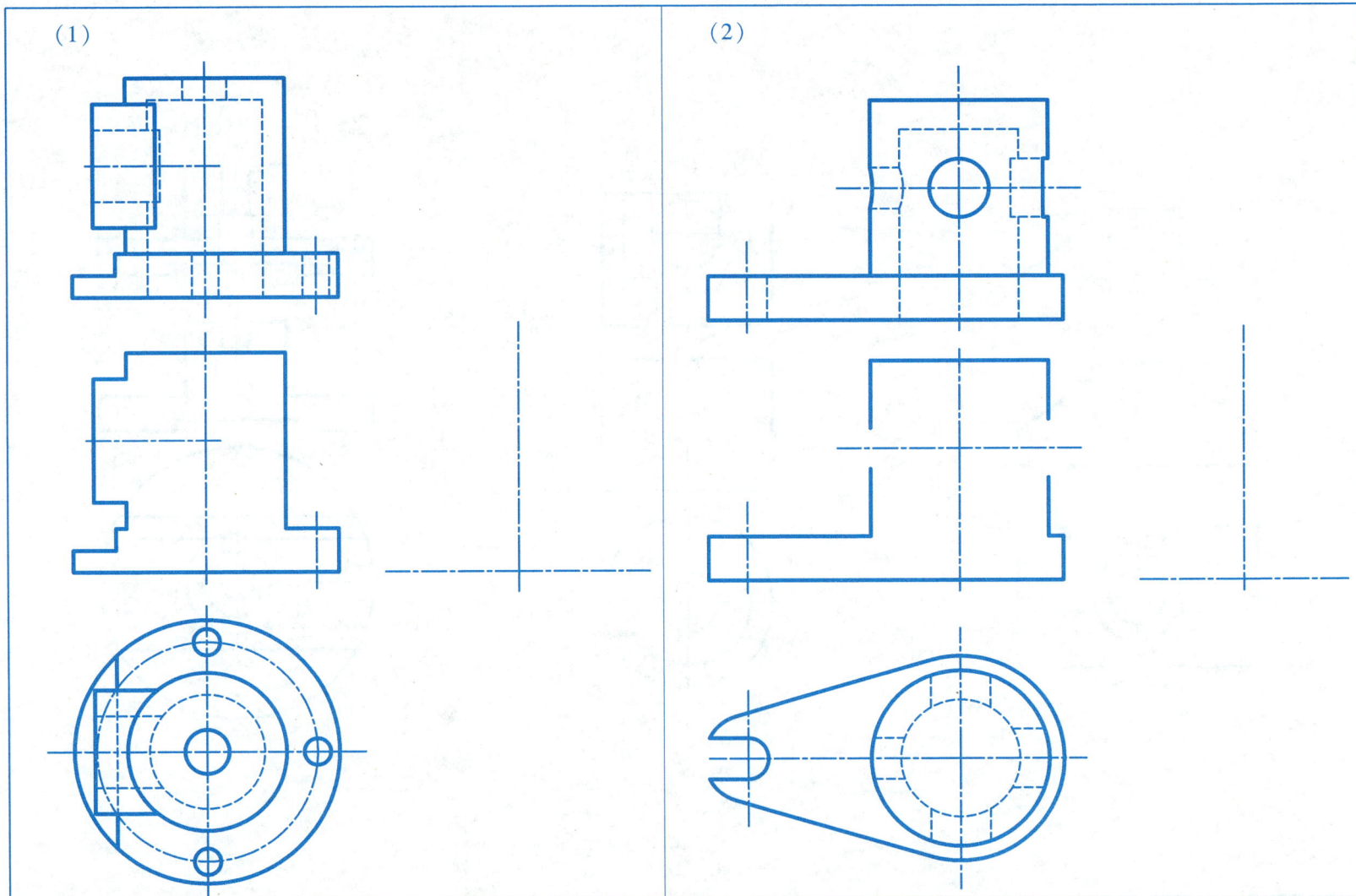

（1）

（2）

5. 补全主视图中所缺的图线。

(1)

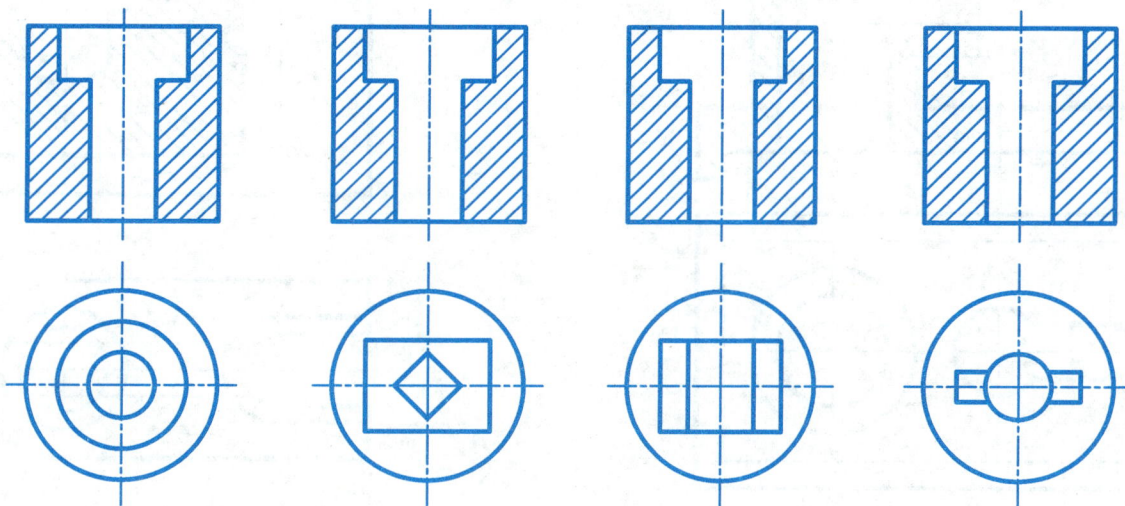

(2)

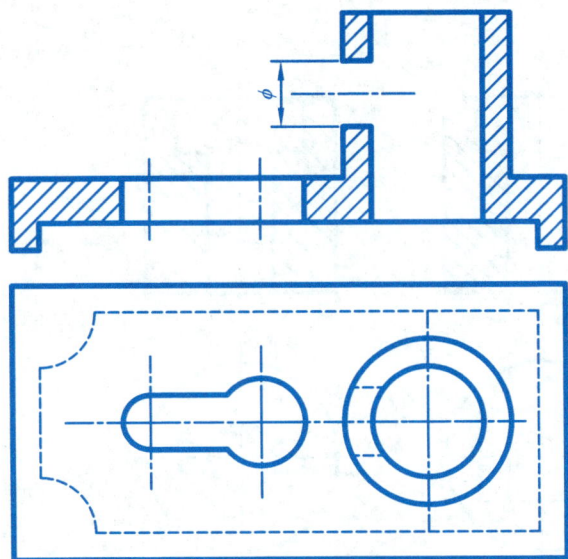

(3)

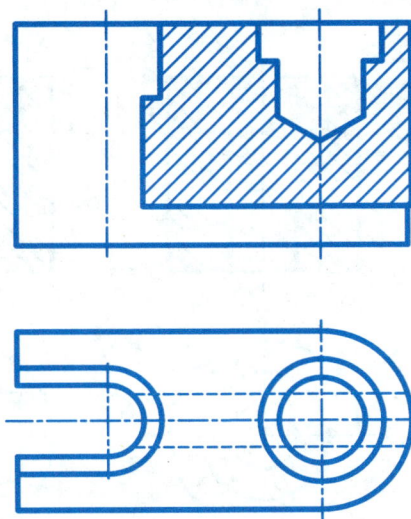

6.看懂主、俯视图，在下方将视图改成局部剖视图。

（1）

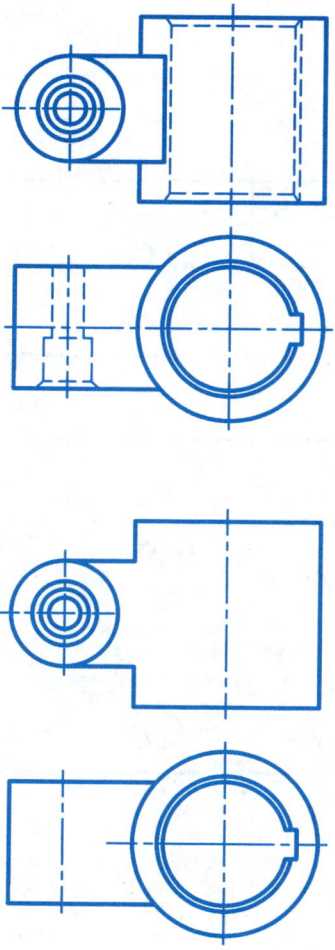

（2）

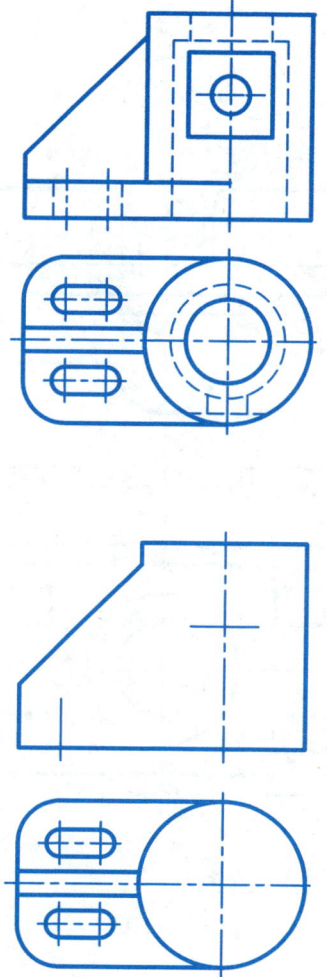

班级　　　　　　姓名　　　　　　学号

7.将主视图改成阶梯剖的全剖视图。

（1）

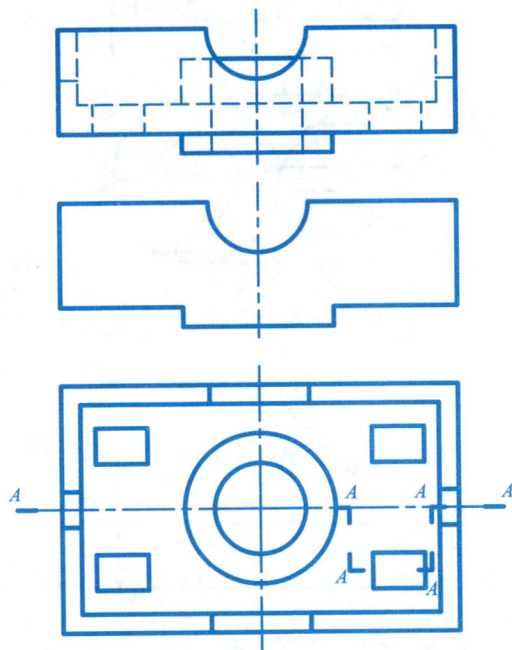

（2）

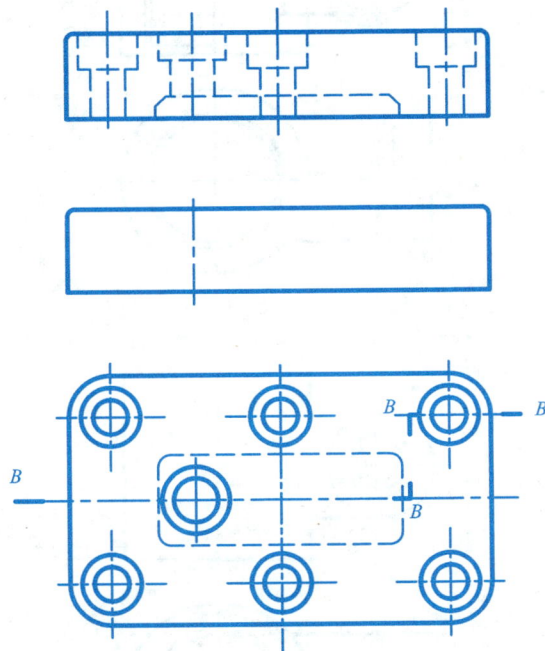

8.将主视图改成旋转剖的全剖视图。

（1）

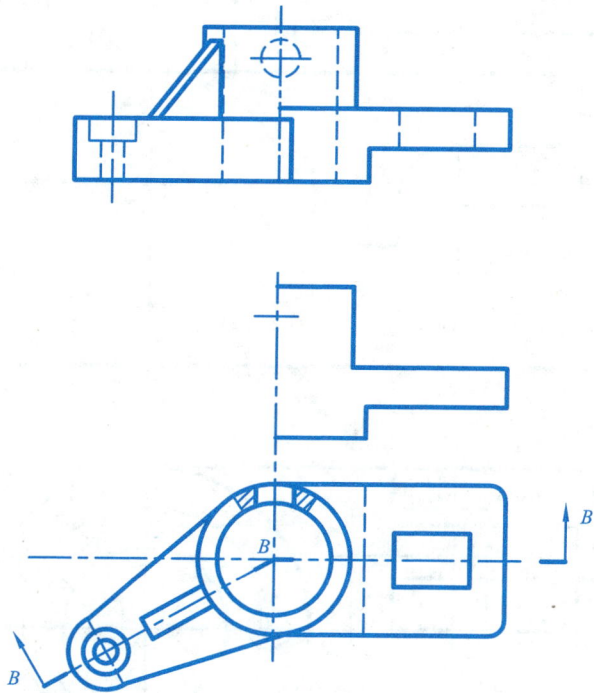

（2）

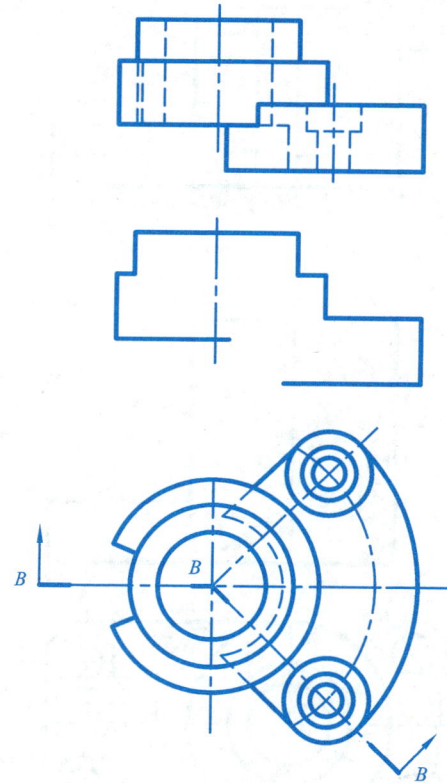

9. 将主视图改成复合剖的全剖视图。

（1）

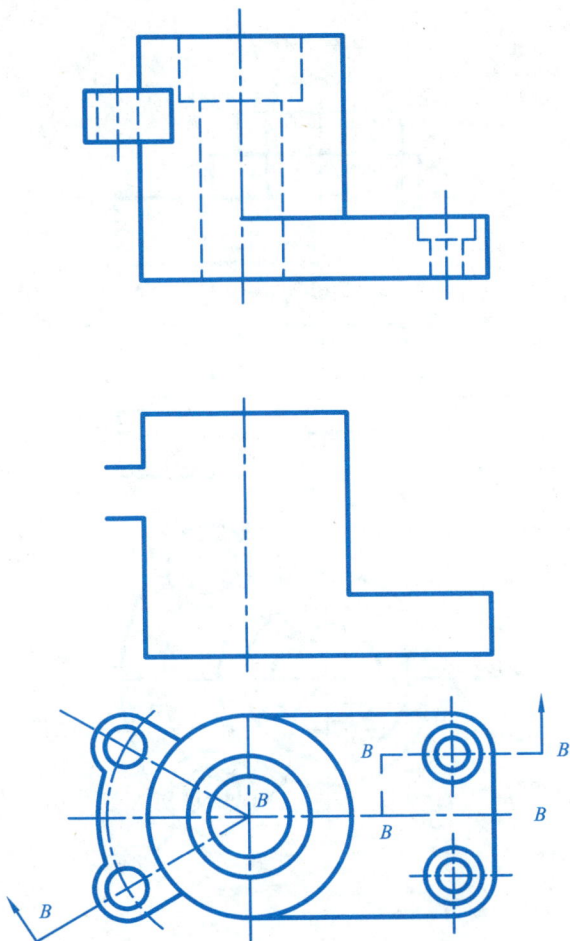

（2）

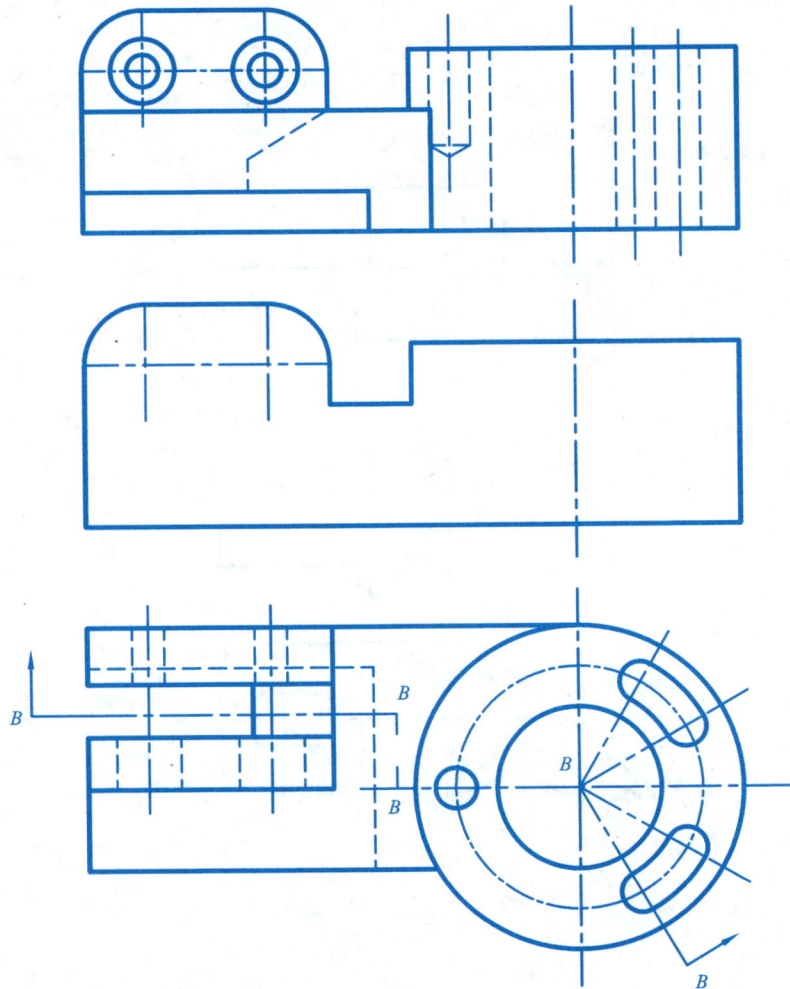

(3)

(4)

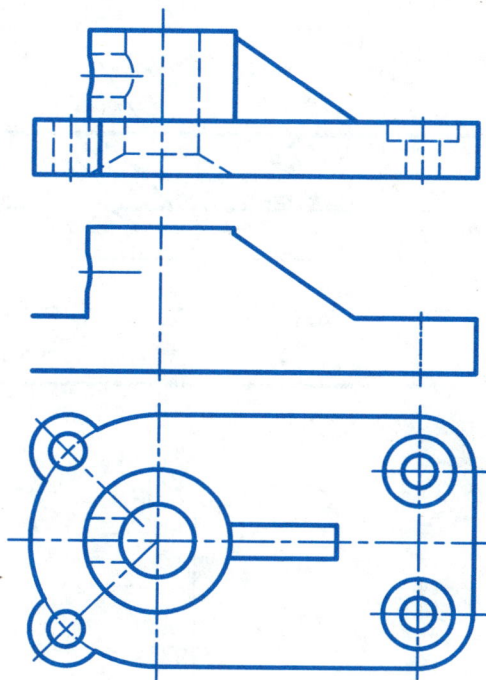

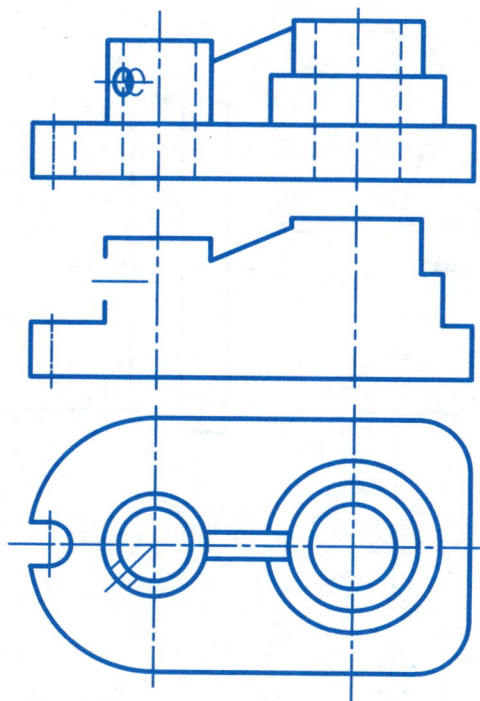

班级　　　　　　　姓名　　　　　　学号

任务三　断面图

1.在指定位置作出移出断面图。

（1）

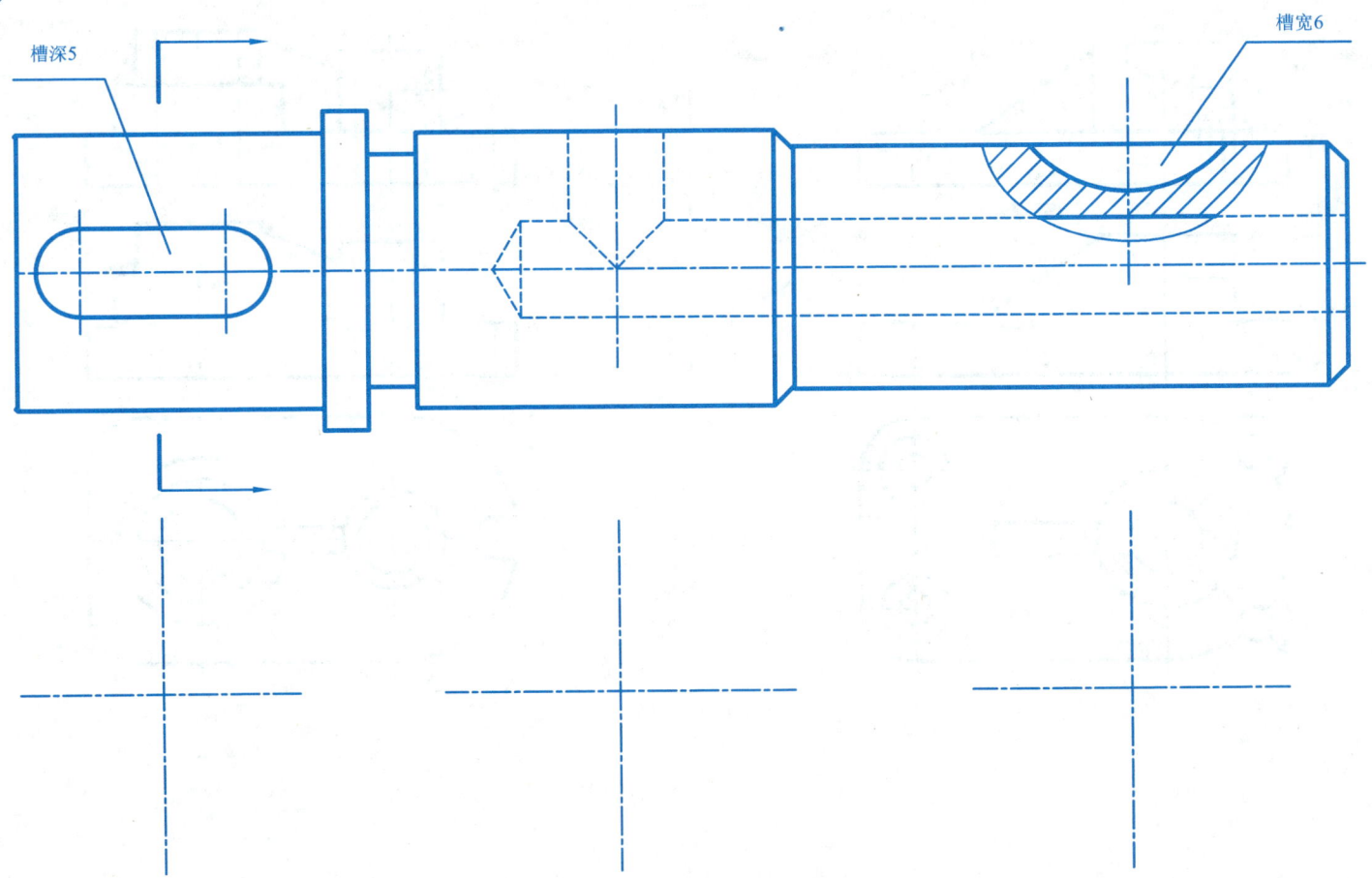

槽深5

槽宽6

（2）

槽深5

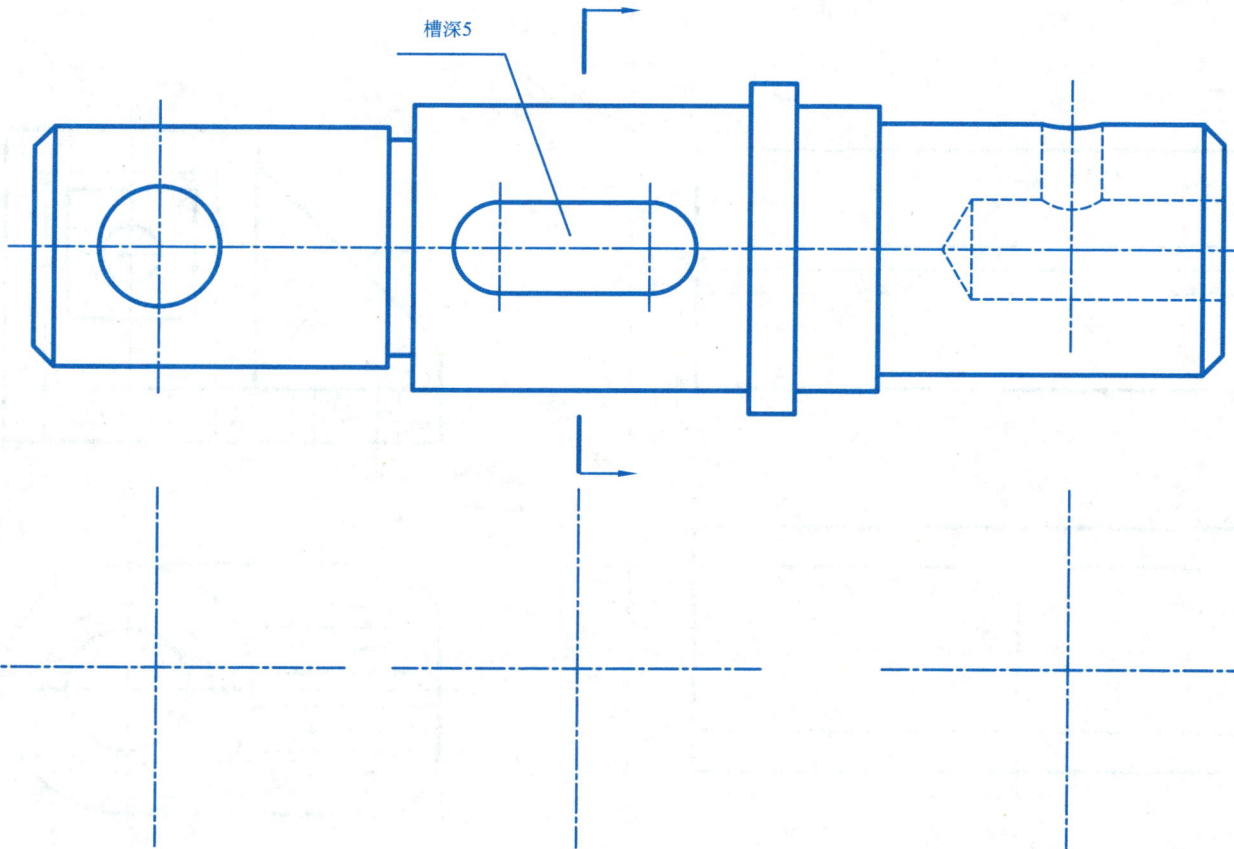

班级　　　　　　姓名　　　　　学号

2. 在指定位置作出重合断面图。

（1）

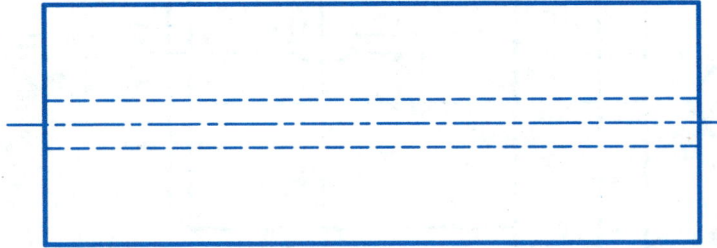

（2）

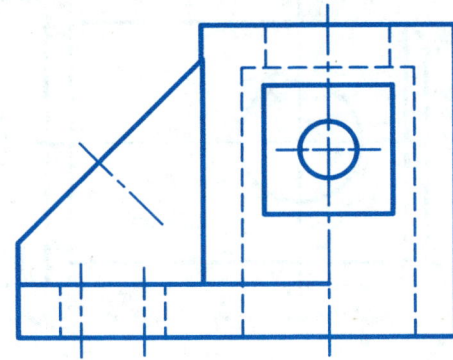

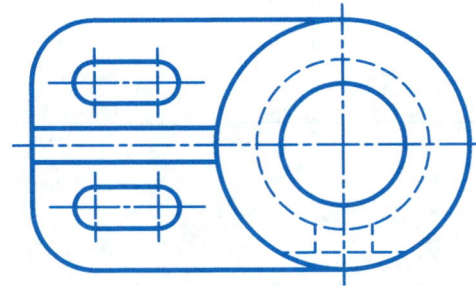

班级　　　　　　姓名　　　　　学号

任务四　其他表示方法

1.填空题。

（1）同一零件各剖视图的剖面线方向＿＿＿＿＿＿＿＿，间隔＿＿＿＿＿＿＿＿。

（2）断面图分为＿＿＿＿＿＿＿＿和＿＿＿＿＿＿＿＿两种。

（3）按剖切范围分,剖视图可分为＿＿＿＿＿＿＿＿、＿＿＿＿＿＿＿＿和＿＿＿＿＿＿＿＿三类。

（4）在剖视图中,剖面线用＿＿＿＿＿＿＿＿线绘制。

（5）六个基本视图的名称：＿＿＿＿＿＿＿＿、＿＿＿＿＿＿＿＿、＿＿＿＿＿＿＿＿、＿＿＿＿＿＿＿＿、＿＿＿＿＿＿＿＿、＿＿＿＿＿＿＿＿。

2.选择题。

（1）根据主视图和俯视图选择正确的 A 向视图为＿＿＿＿＿＿＿＿。

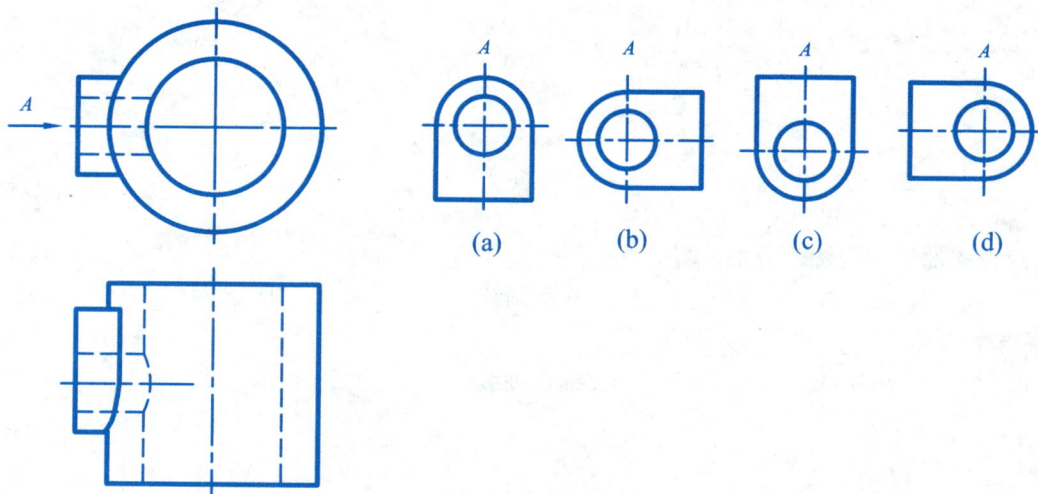

(a)　　　　(b)　　　　(c)　　　　(d)

班级　　　　　姓名　　　　　学号

(2)下列局部剖视图中,正确的画法是_____。

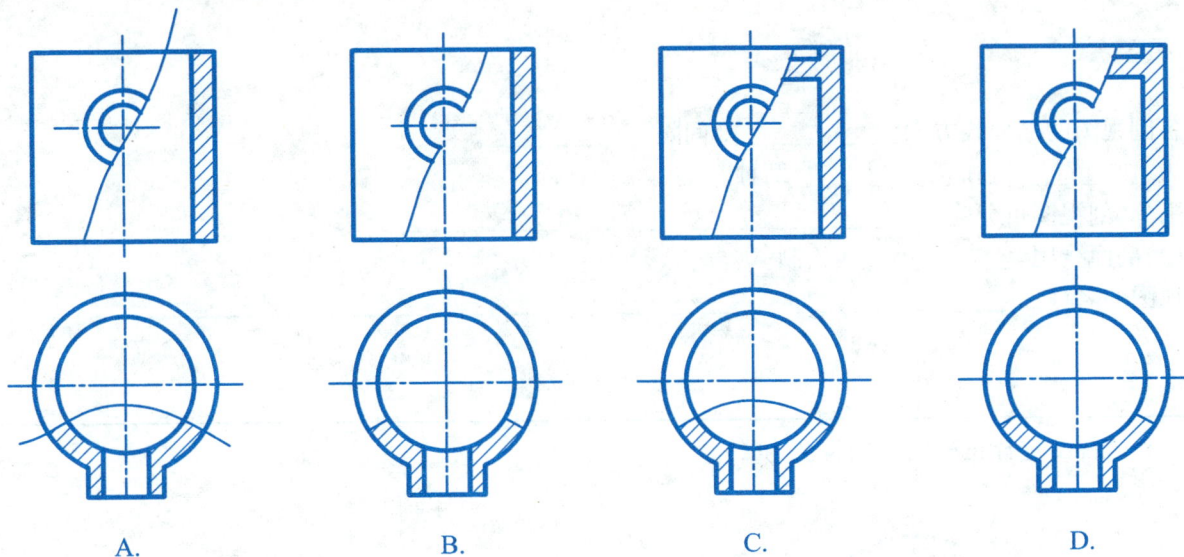

A.　　　　　　　B.　　　　　　　C.　　　　　　　D.

(3)在半剖视图中,剖视图部分与视图部分的分界线为_____。

A.细点画线　　　　　　B.粗实线　　　　　　C.双点画线　　　　　　D.波浪线

(4)重合断面的轮廓线都是用_____绘制的。

A.细实线　　　　　　B.粗实线　　　　　　C.细点画线　　　　　　D.虚线

(5)下列四组视图中，主视图均为全剖视图，其中_____的主视图有缺漏的线。

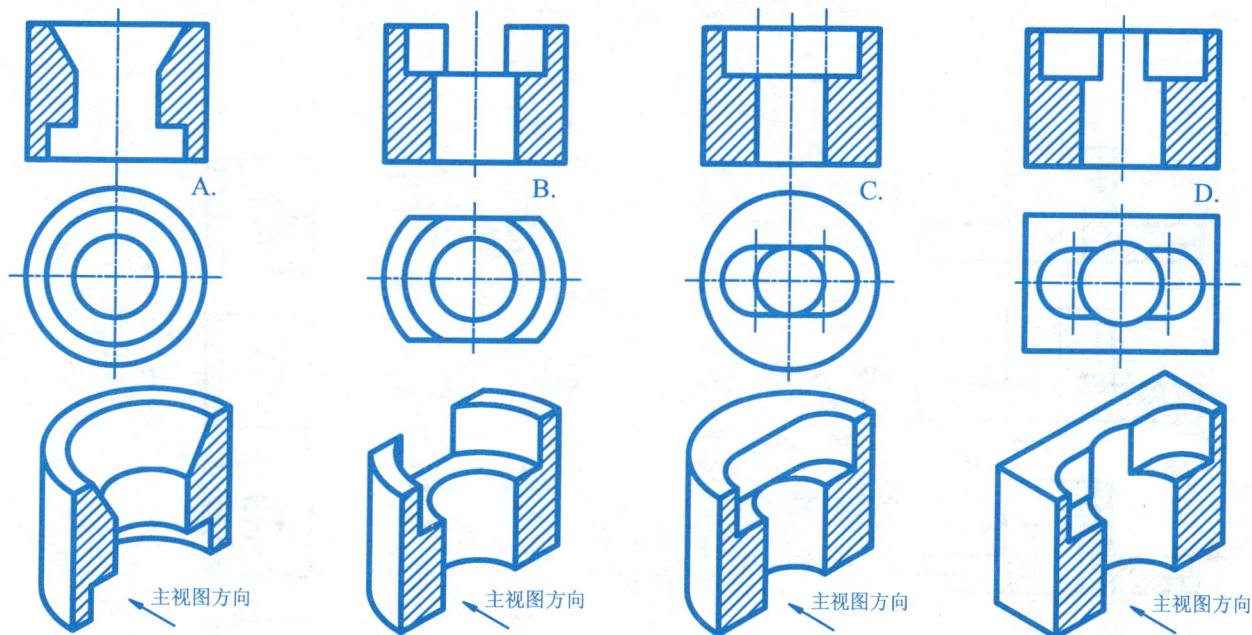

A.　　　　B.　　　　C.　　　　D.

主视图方向　　主视图方向　　主视图方向　　主视图方向

(6)正确的移出断面图是_____。

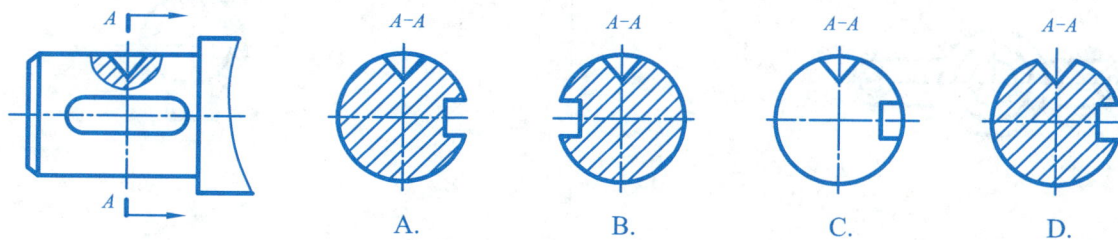

A.　　　　B.　　　　C.　　　　D.

(7)正确的半剖视图是_____。

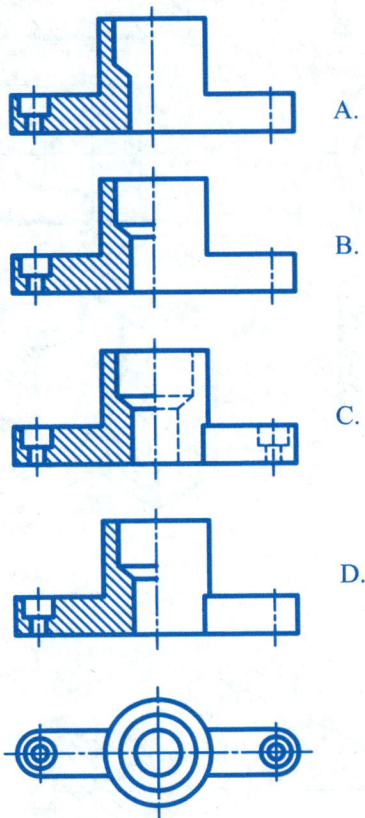

A.

B.

C.

D.

(8)正确的局部剖视图是_____。

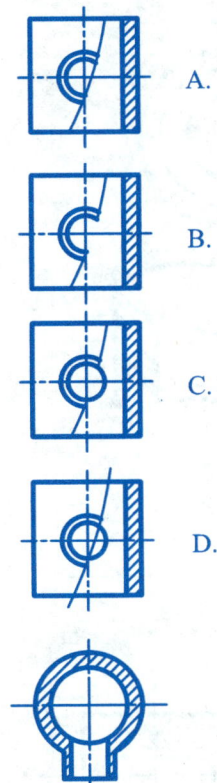

A.

B.

C.

D.

3. 用单一剖切面, 将主视图画成全剖视图。

4. 用单一剖切面, 将主视图画成半剖视图。

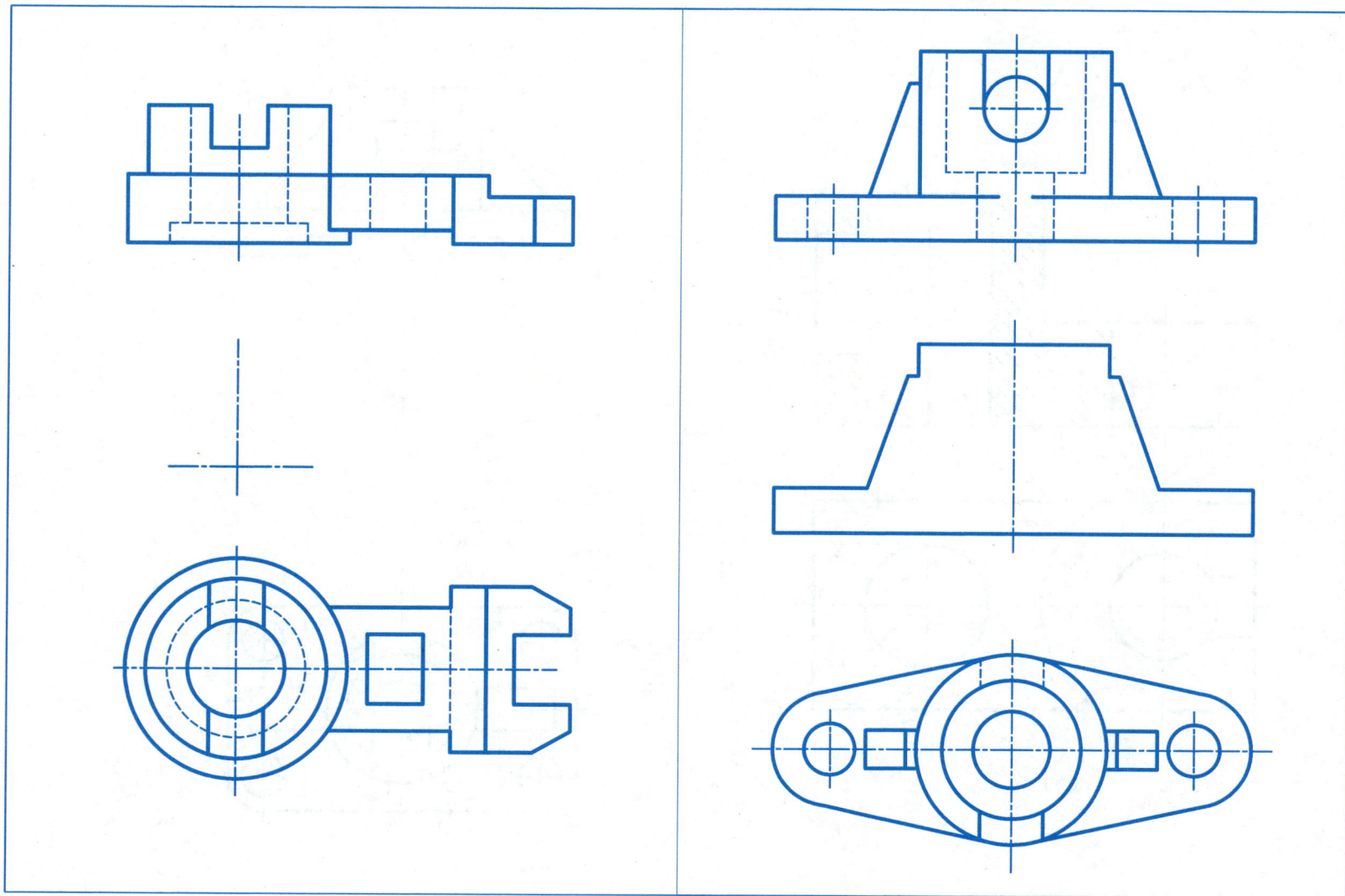

5. 补画图中漏的线条。

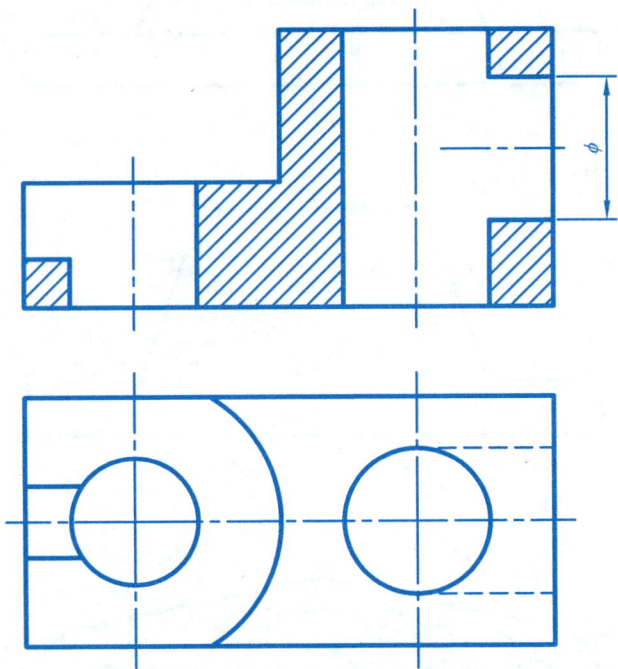

6. 将物体的主视图改画成半剖视图，并作全剖的左视图。

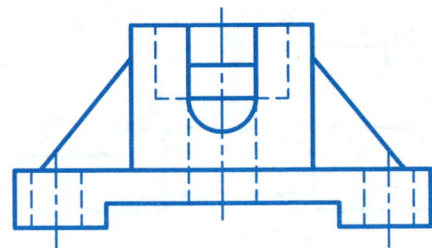

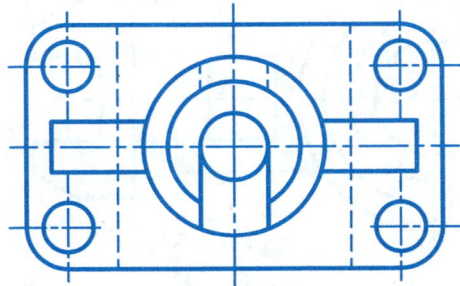

7. 用几个平行的剖切面,将主视图画成全剖视图。

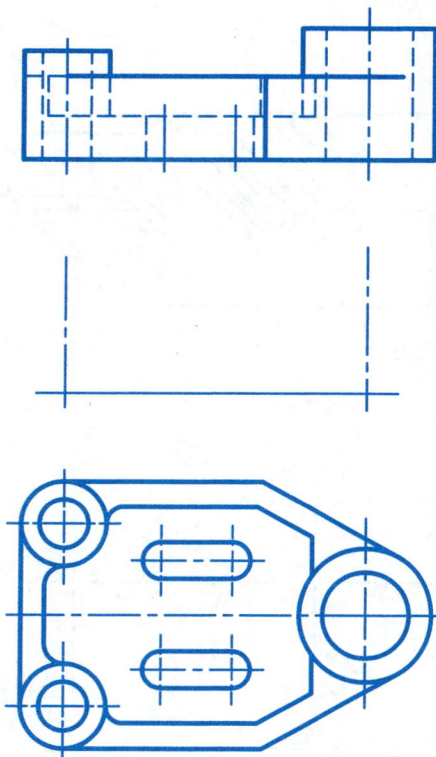

8. 在阶梯轴上作出各指定位置的断面图。（左面键槽深 5 mm，右面键槽深 4 mm）

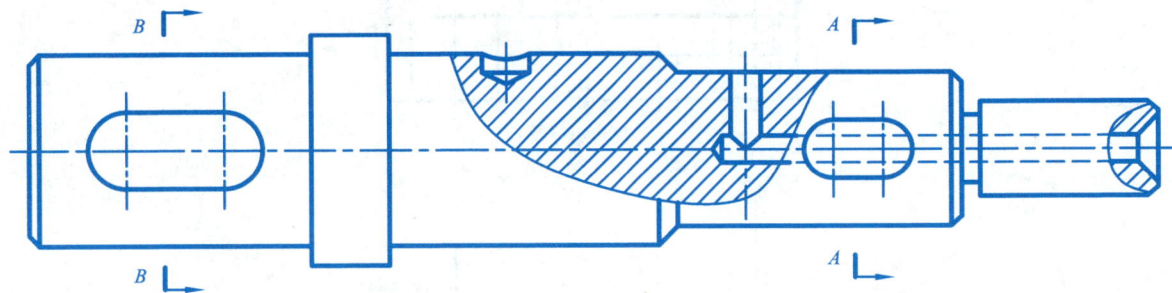

B-B

A-A

9. 根据所给视图，在 A4 图纸上综合应用所学的各种表达方法进行表达。作图比例为 1:1，并标注尺寸。图线要符合国家机械制图标准。尺寸标注要完整、正确、清晰、合理。

提示：
（1）图中虚线应尽量省略不画。
（2）注意剖切位置的标注。

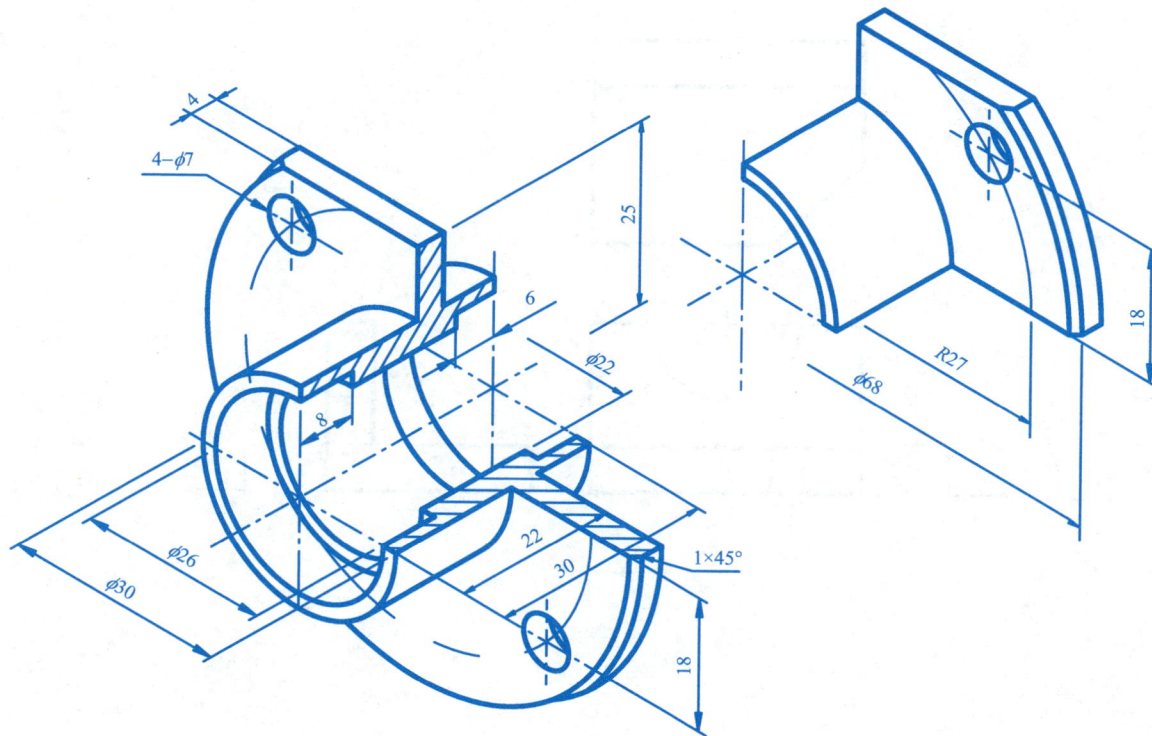

任务五　第三视角

1. 根据第三视角在指定位置补全六视图。

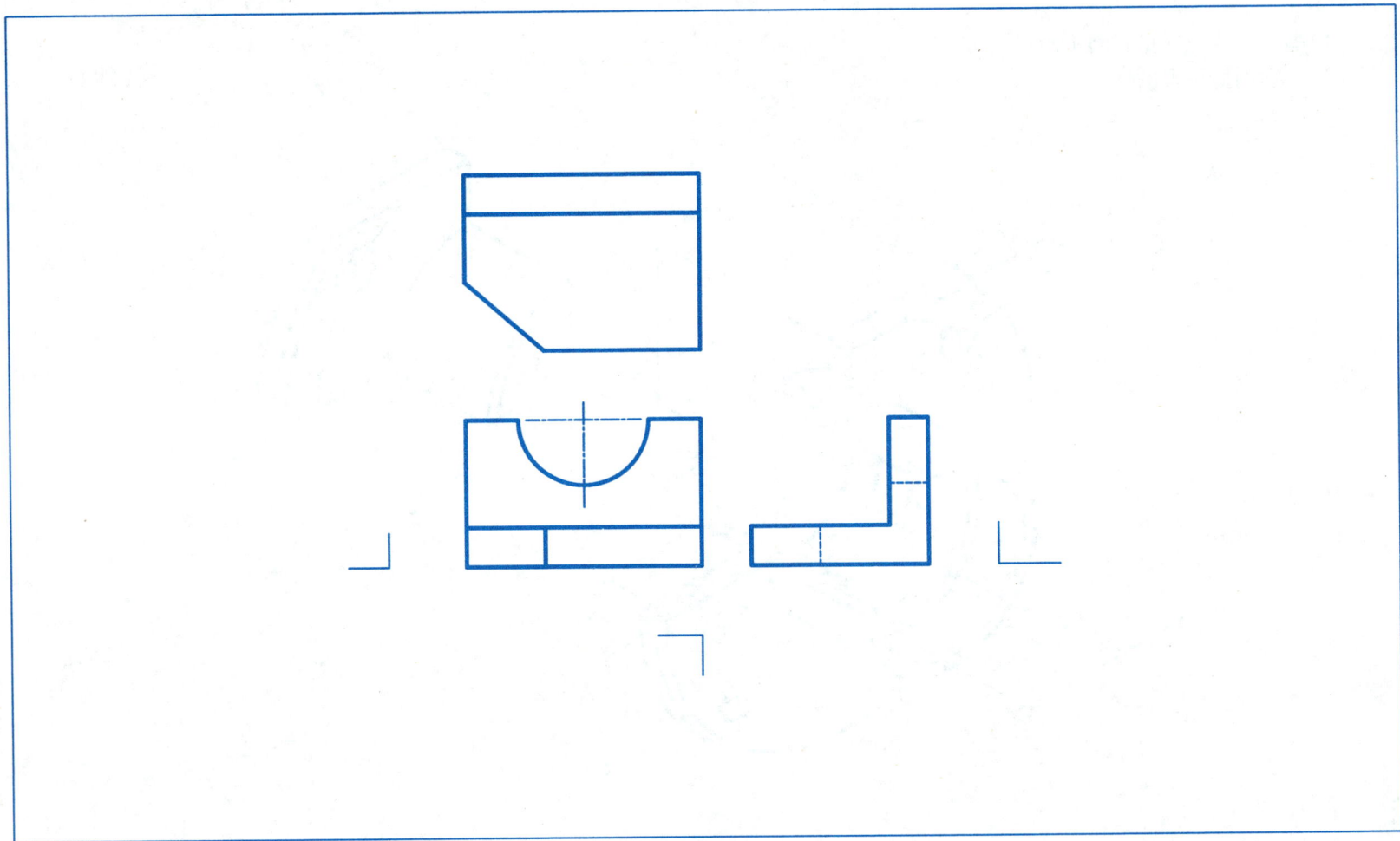

2. 根据第三视角分析视图，想象形状，补全三视图。

（1）

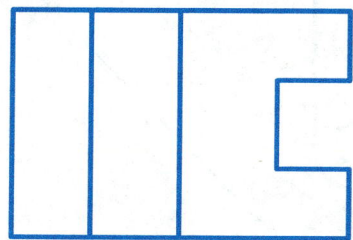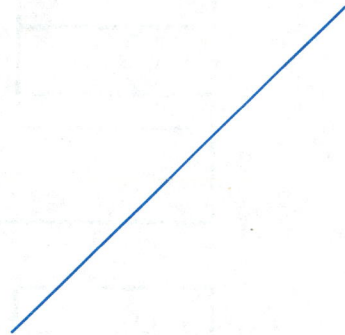

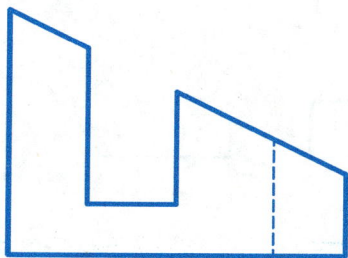

（2）

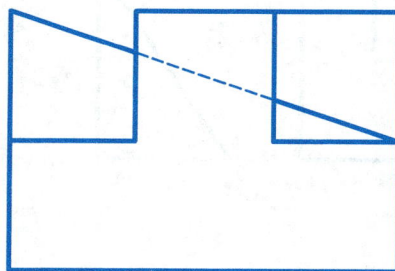

（3）

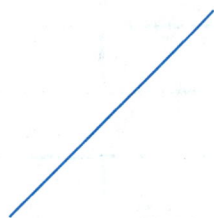

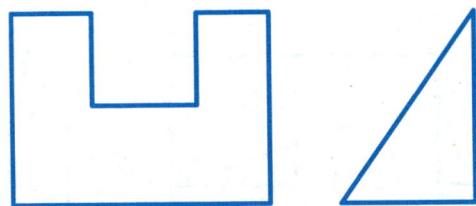

（4）

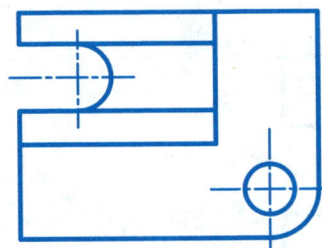

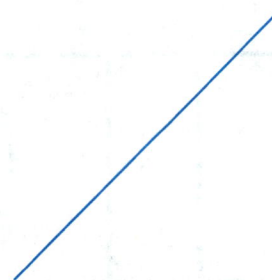

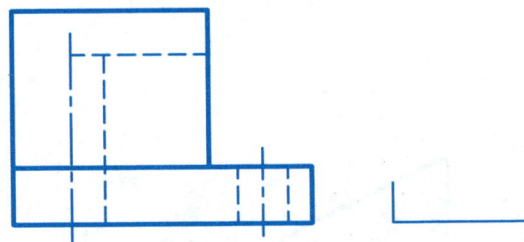

班级　　　　　姓名　　　　学号

项目五　机件的特殊表达法

任务一　螺纹与螺纹紧固件

1.分析下列螺纹画法中的错误，在下方画出正确的画法。

（1）外螺纹。	（2）内螺纹。

（3）内外螺纹连接，内螺纹为通孔。

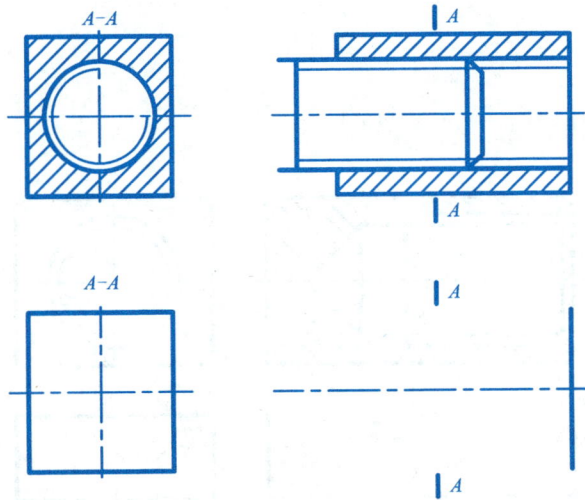

（4）内外螺纹连接，内螺纹为盲孔。

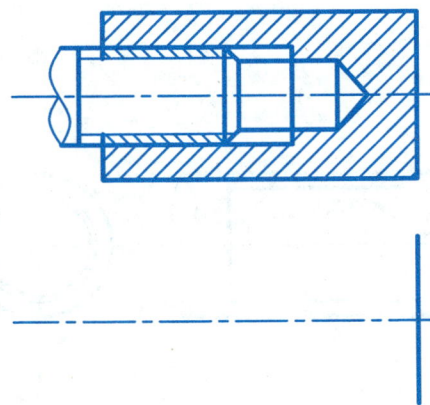

2. 根据螺纹的标记，填全表内各项内容。

（1）普通螺纹和梯形螺纹。

螺纹标记	螺纹种类（内/外）	公称直径	导程	螺距	线数	旋向	公差带代号	旋合长度
M20 – 7H								
M16 × 1.5 – 5g6g – S								
M10LH – 7H – L								
Tr32 × 6 – 7H								
Tr40 × 7LH – 8e – L								
Tr40 × 14（P7）– 7e								

（2）管螺纹。

螺纹标记	螺纹种类	尺寸代号	螺纹大径	螺纹小径	每 25.4 mm 内的牙数	螺距	旋向
G1^1/2A							
G1/2							
G3/8B – LH							
Rc3/8							
Rp3/4							
R1/2							

班级　　　　　姓名　　　　　学号

3. 在图上注出下列螺纹的规定标记。

(1) 粗牙普通螺纹，大径20 mm，螺距2.5 mm，右旋，公差带代号7h6h，长旋合长度。

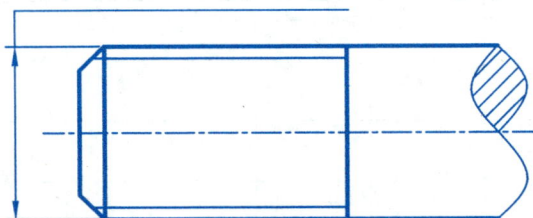

(2) 细牙普通螺纹，大径20 mm，螺距1.5 mm，左旋，公差带代号7H，中等旋合长度。

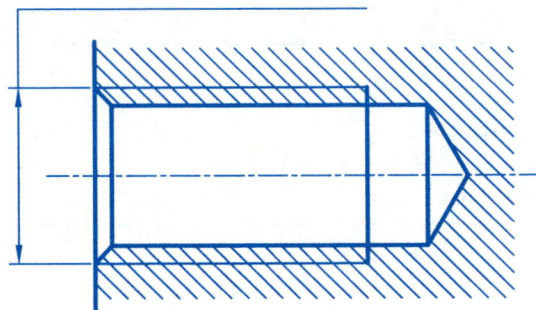

(3) 梯形螺纹，大径24 mm，导程6 mm，螺距3 mm，左旋，公差带代号7e，中等旋合长度。

(4) 非螺纹密封的管螺纹，尺寸代号5/8，公差等级为A级，右旋。

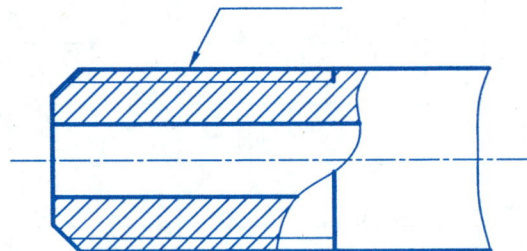

（5）用螺纹密封的管螺纹（圆锥内螺纹），尺寸代号3/8，右旋。

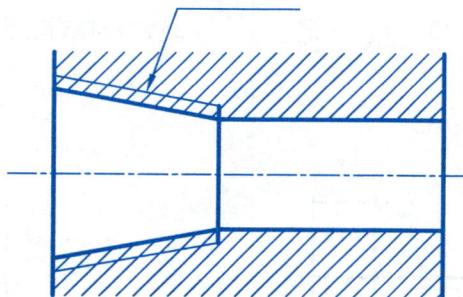

4. 查表后注出下列螺纹紧固件的尺寸，并注写其规定标记。

(1)六角头螺栓：大径 $d=12$ mm，长 $L=30$ mm，标记_____

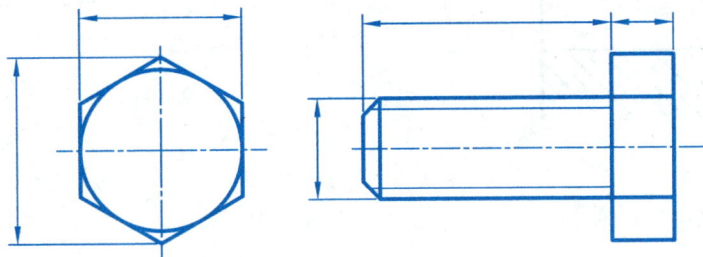

(2)六角螺母：大径 $D=16$ mm，标记_____

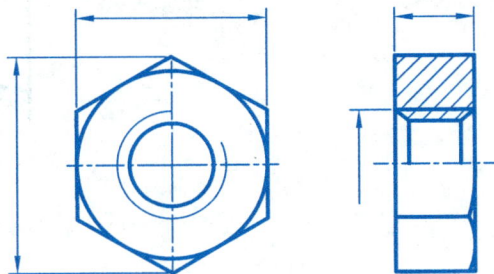

(3)双头螺柱：大径 $d=20$ mm，长 $L=45$ mm，$b_m=d$，标记_____

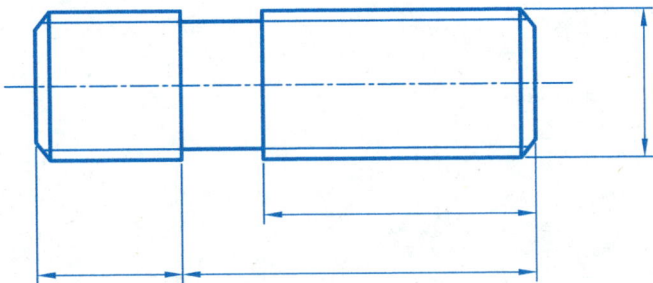

(4)内六角圆柱头螺钉：大径 $d=10$ mm，长 $L=40$ mm，标记_____

班级　　　　　姓名　　　　　学号

5. 补全螺栓连接中所缺的图线（螺栓 GB/T 5782 M12×70）。　　6. 补全双头螺柱连接中所缺的图线（双头螺柱 GB/T 898 M12 ×60）。

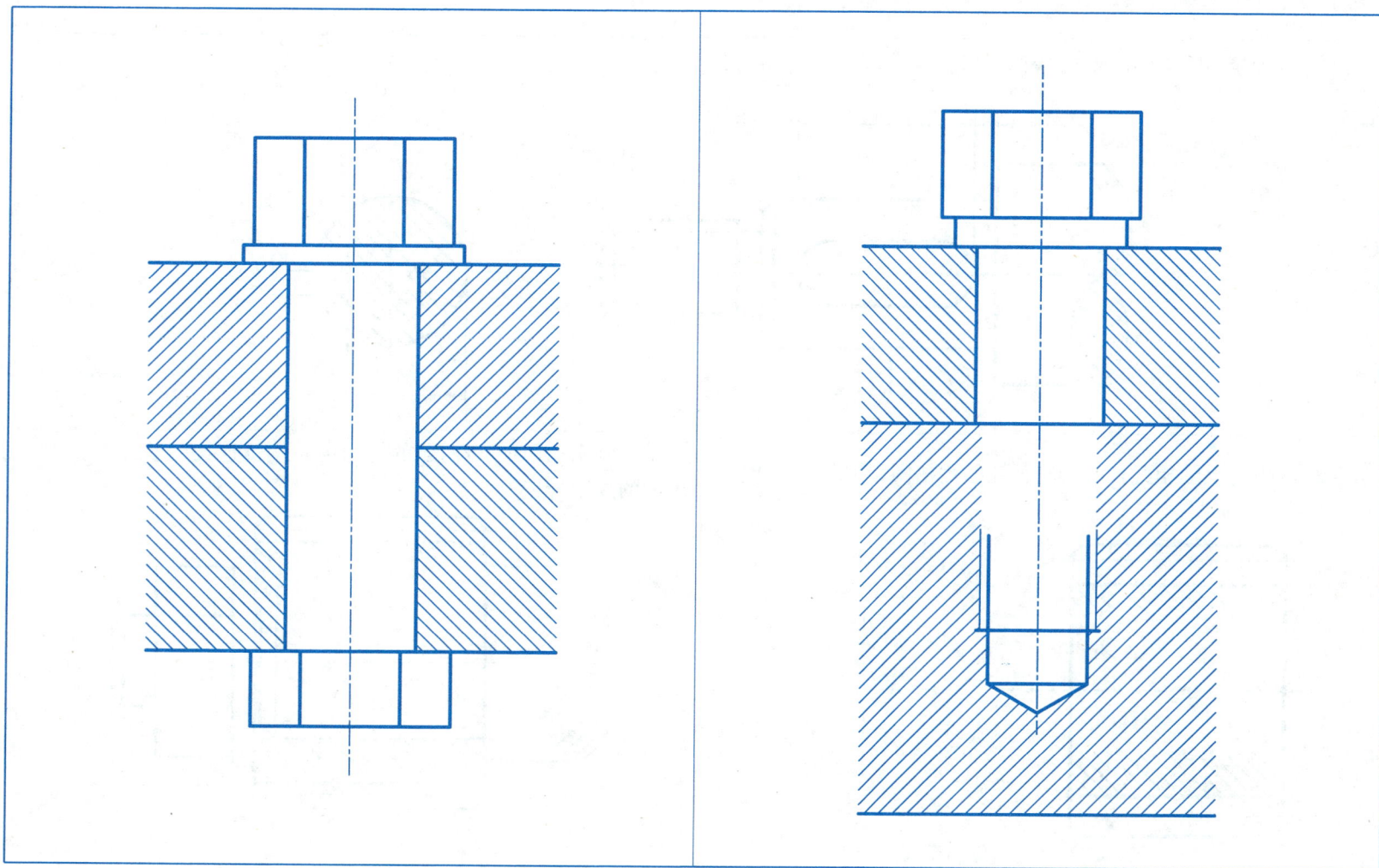

任务二　键与销连接

1. 普通平键连接画法。

（1）按轴径（由图中量取）查表画出键槽 $A-A$ 断面图，并标注尺寸。

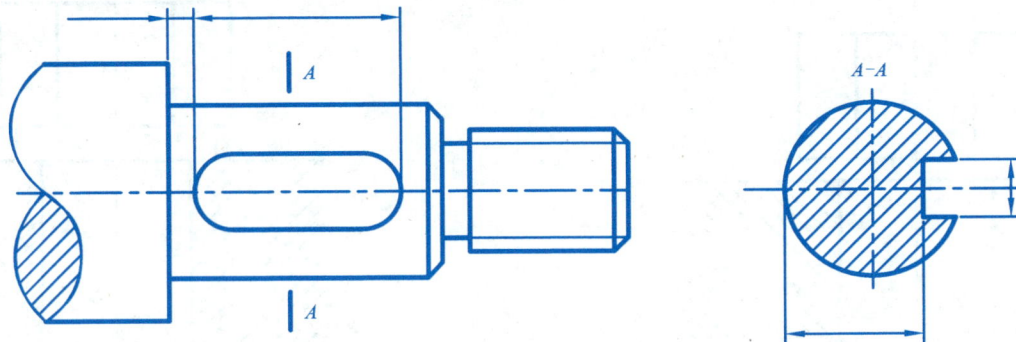

（2）画出与上轴相配合的齿轮轴孔的键槽图，并标注尺寸。

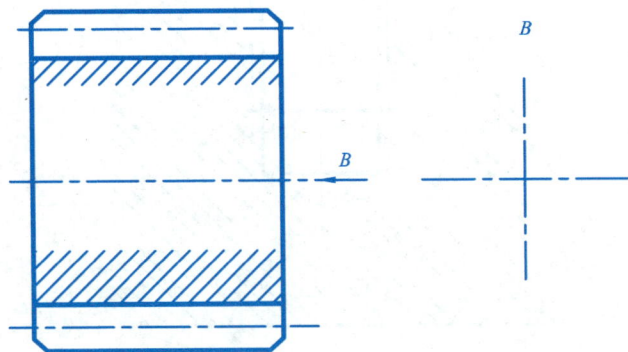

（3）画出第（1）（2）两题的轴与齿轮用键连接的装配图，并写出键的规定标记。

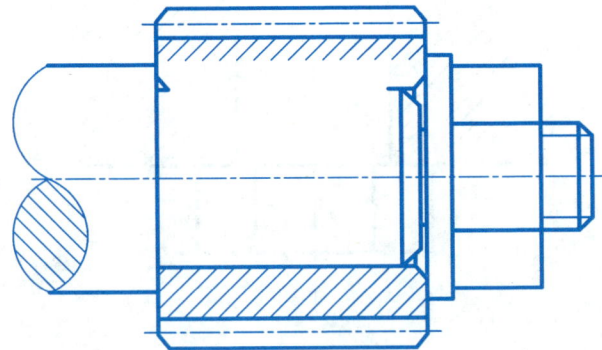

标记_____

2. 销连接画法。

（1）画出 $d = 6$ mm、A 型圆锥销连接图（补齐轮廓线和剖面线），并写出该销的标记。

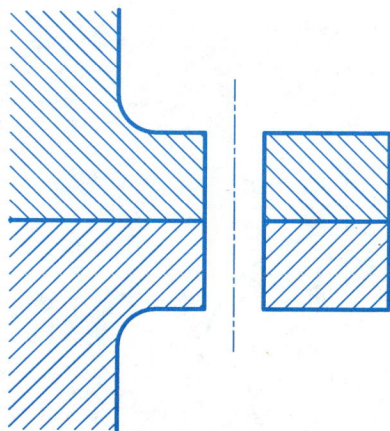

标记_____

（2）画出 $d = 8$ mm、A 型圆柱销连接图，并写出该销的标记。

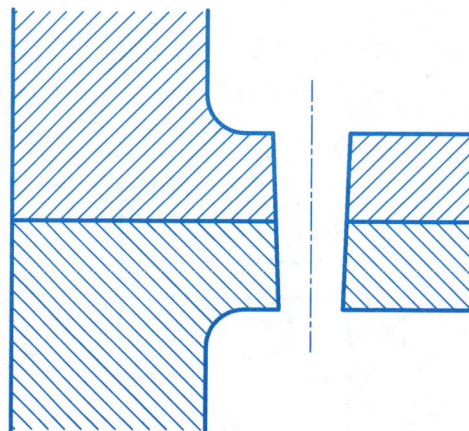

标记_____

任务三　齿轮

1. 已知直齿圆柱齿轮顶圆直径 60 mm，齿数 18，齿宽 20 mm，轴孔直径 φ20 mm，从附录表中查出键槽尺寸，并用规定画法画出齿轮图（比例 1:1）。

$d =$ ＿＿＿＿＿＿＿；$da =$ ＿＿＿＿＿＿＿；$df =$ ＿＿＿＿＿＿＿．

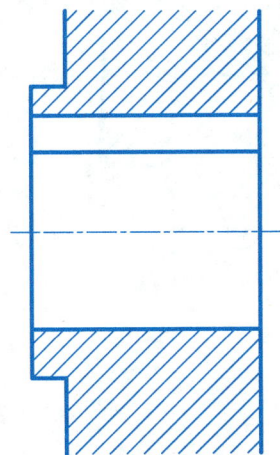

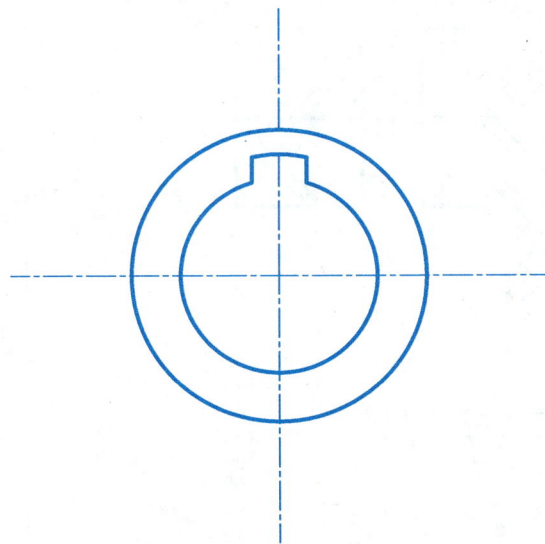

班级　　　　　　　　姓名　　　　　　　　学号

2. 已知大齿轮的模数 $m=3$，齿数 $z_1=18$，两轮的中心距 $a=90$ mm，试计算大小两齿轮分度圆、齿顶圆和齿根圆的直径及传动比（大齿轮为主动轮）。并按 1:2 完成下列直齿圆柱齿轮的啮合图。

$d_1 =$ _____

$d_{a1} =$ _____

$d_{f1} =$ _____

$d_2 =$ _____

$d_{a2} =$ _____

$d_{f2} =$ _____

$i =$ _____

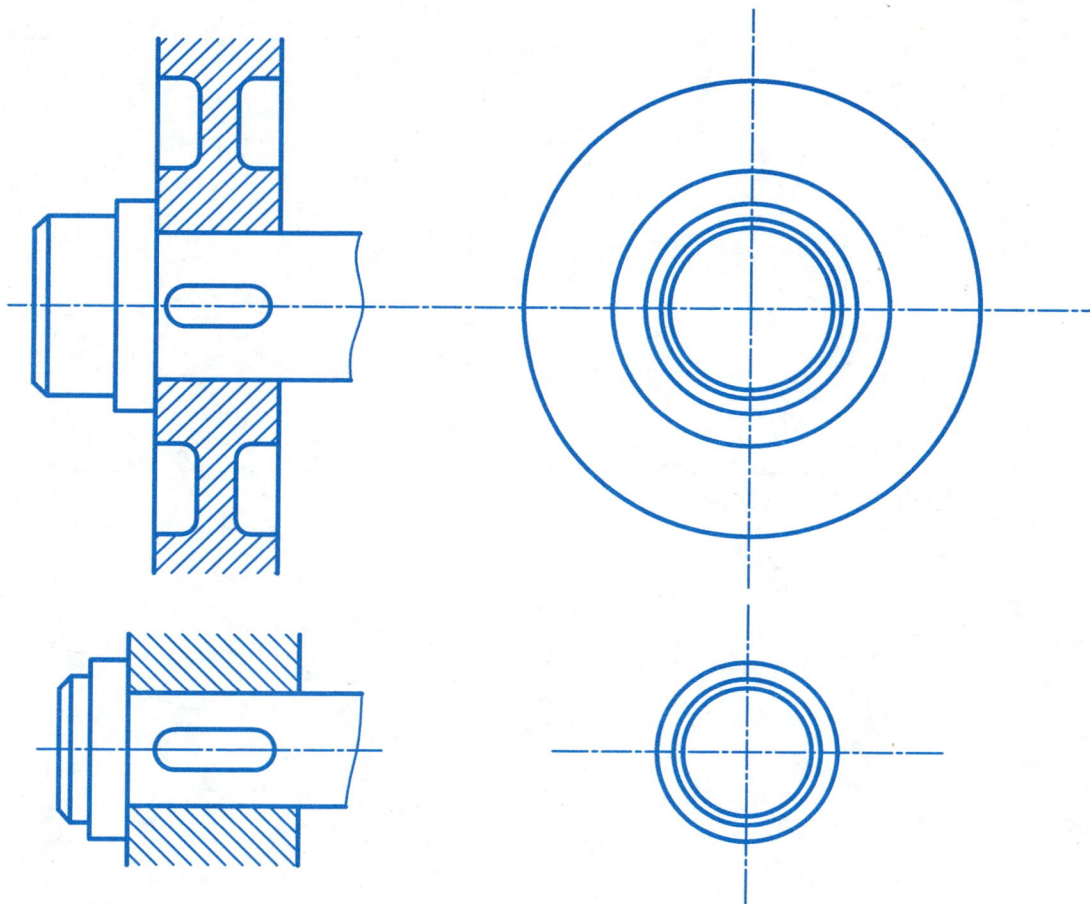

班级　　　　　　姓名　　　　　　学号

任务四　滚动轴承

采用规定画法画出 6208、30307、51206 三种滚动轴承图。

(1) 深沟球轴承 6208

(2) 圆锥滚子轴承 30307

(3) 平底推力球轴承 51206

班级　　　　　姓名　　　　　学号

任务五　弹簧

已知圆柱螺旋压缩弹簧的簧丝直径为 5 mm，弹簧的中径为 40 mm，节距为 10 mm，弹簧自由高度为 76 mm，支承圈数为 2.5，右旋。请在下方画出弹簧的全剖视图。

班级　　　　　姓名　　　　　学号

【项目综合练习】

1.填空题。

(1)轴承代号为 6008 表示轴承类型为＿＿＿＿＿＿＿＿＿轴承,内径为＿＿＿＿＿＿＿＿＿。

(2)M20×1LH－6e 表示普通＿＿＿＿＿＿＿＿牙螺纹,大径为＿＿＿＿＿＿＿＿＿,螺距为＿＿＿＿＿＿＿＿＿,旋向为＿＿＿＿＿＿＿＿＿旋。

(3)Tr40×14(P7)LH－8e－L 表示梯形螺纹的螺距为＿＿＿＿＿＿＿＿＿,线数为＿＿＿＿＿＿＿＿＿线,＿＿＿＿＿＿＿旋,长度代号为＿＿＿＿＿＿＿＿＿。

(4)弹簧的作用有＿＿＿＿＿＿＿＿＿、＿＿＿＿＿＿＿＿＿、＿＿＿＿＿＿＿＿＿等。

(5)齿轮的齿顶圆用＿＿＿＿＿＿＿＿＿线表示,分度圆用＿＿＿＿＿＿＿＿线表示。

(6)外螺纹的大径用＿＿＿＿＿＿＿＿＿线表示,小径用＿＿＿＿＿＿＿＿线表示,螺纹终止线用＿＿＿＿＿＿＿＿线表示。

(7)普通平键的相关尺寸是根据＿＿＿＿＿＿＿＿＿查表选择,销的标记为 GB/T 119.1—2000 8×30 表示圆柱销的公称直径为＿＿＿＿＿＿＿＿＿。

2.选择题。

(1)判断下面哪项为双线右旋螺纹?(　　　)

A.　　　　　　　　B.　　　　　　　　C.　　　　　　　　D.

班级　　　　　　　姓名　　　　　　　学号

（2）下图正确的双头螺柱连接是(　　　)。

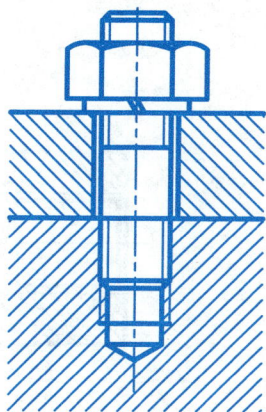

A.

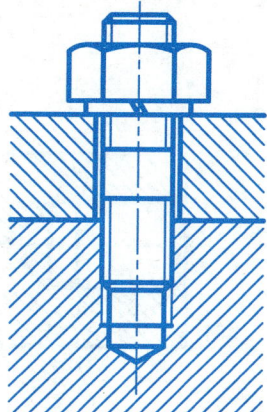

B.

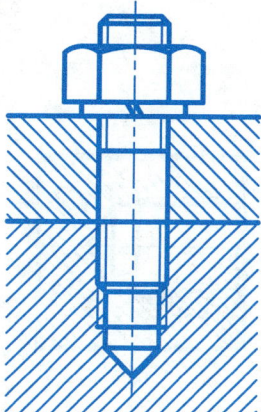

C.

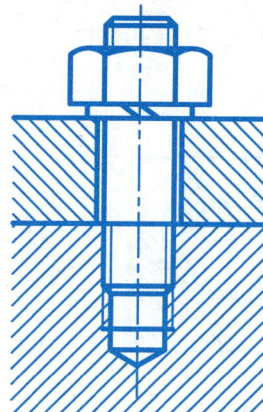

D.

（3）下图正确的螺栓连接是(　　　)。

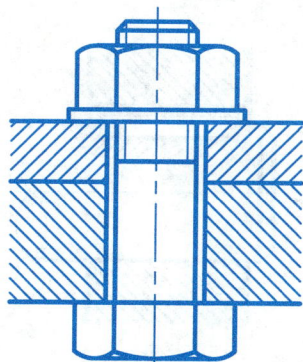

A.

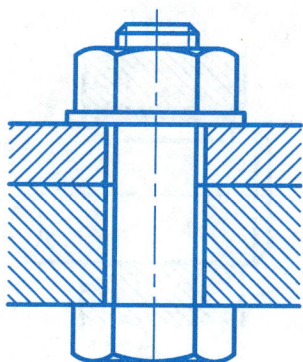

B.

C.

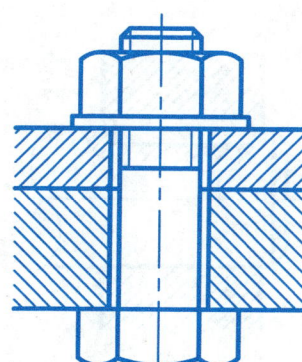

D.

班级　　　　　姓名　　　　　学号

(4)齿轮中模数 m 的单位是(　　)。

A.个　　　　　　　　　B. m^2　　　　　　　　C. mm　　　　　　　　D.单位

(5)以下螺纹画法正确的是(　　)。

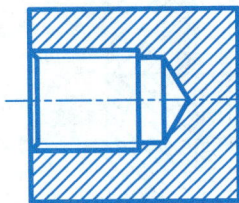 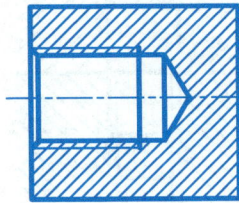 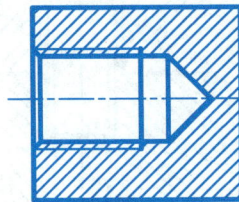 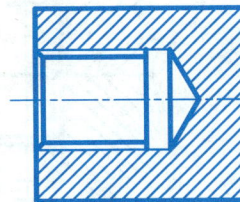

A.　　　　　　　　　　B.　　　　　　　　　　C.　　　　　　　　　　D.

(6)以下普通平键连接画法正确的是(　　)。

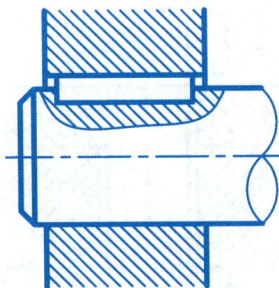 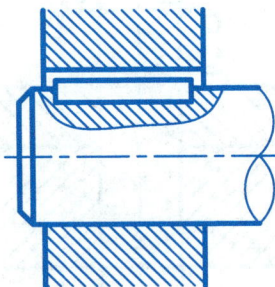 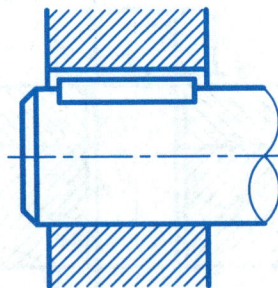 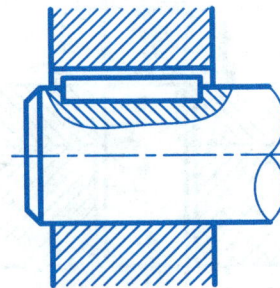

A.　　　　　　　　　　B.　　　　　　　　　　C.　　　　　　　　　　D.

班级　　　　　　　姓名　　　　　　　学号

（7）对以下①②③④四个螺纹画法说法正确的是(　　　)。

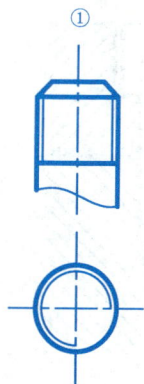 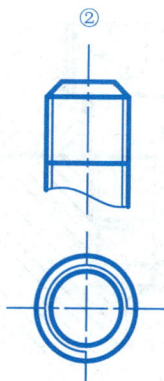 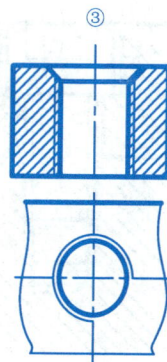 

A. ①、③正确　　　　B. ②、③正确　　　　C. ①、④正确　　　　D. ②、④正确

（8）代号为 31200 的滚动轴承内径是(　　　)mm。

A. 20　　　　　　　　B. 10　　　　　　　　C. 15　　　　　　　　D. 200

（9）测出直齿圆柱齿轮的齿顶圆直径 $d_a=89.4$，数出齿数 $z=28$，模数 m 是(　　　)。

A. 3.2　　　　　　　　B. 2.98　　　　　　　C. 2　　　　　　　　D. 3

（10）以下螺纹连接画法正确的是(　　　)。

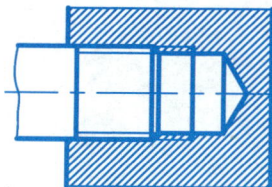 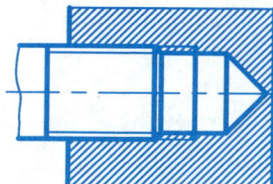 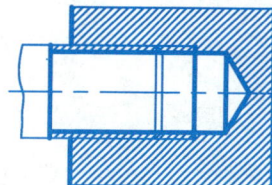 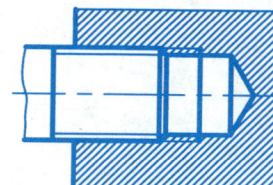

A.　　　　　　　　　B.　　　　　　　　　C.　　　　　　　　　D.

班级　　　　　　　姓名　　　　　　　学号

(11)以下螺钉连接画法正确的是(　　)。

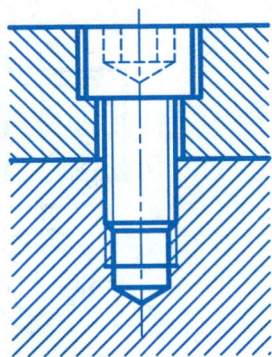 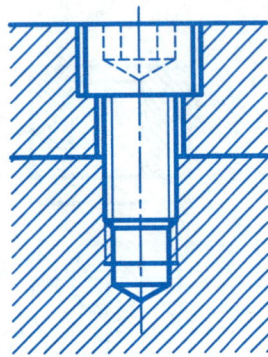 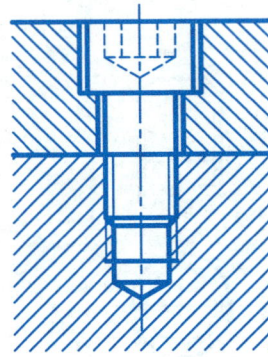 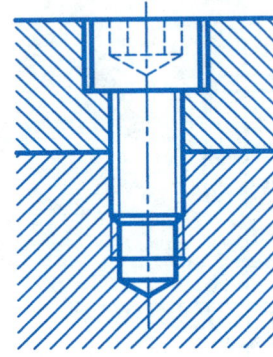

A.　　　　　　　　B.　　　　　　　　C.　　　　　　　　D.

3. 分析图中所示螺纹画法中的错误，并在其下面画出正确的螺纹图。

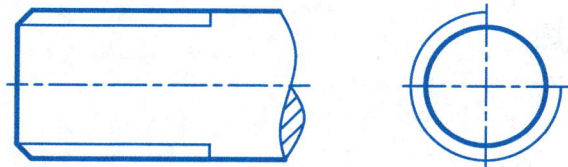

（1）在其下面画出正确的外螺纹图。	（2）在其下面画出正确的内螺纹图。

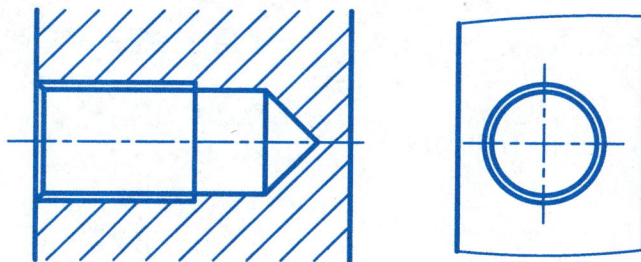

班级　　　　　姓名　　　　　学号

项目六　零件图

任务一　零件图的内容与表示方法

1.填空题。

（1）零件图的四大内容是：

_____，

_____，

_____，

_____。

（2）零件图主视图的选择原则是：

_____原则，

_____原则，

_____原则。

2.根据轴测图在 A4 图纸上画出轴的零件图。

名称：轴
材料：45
图号：SYZ－01
单位：三一工学院

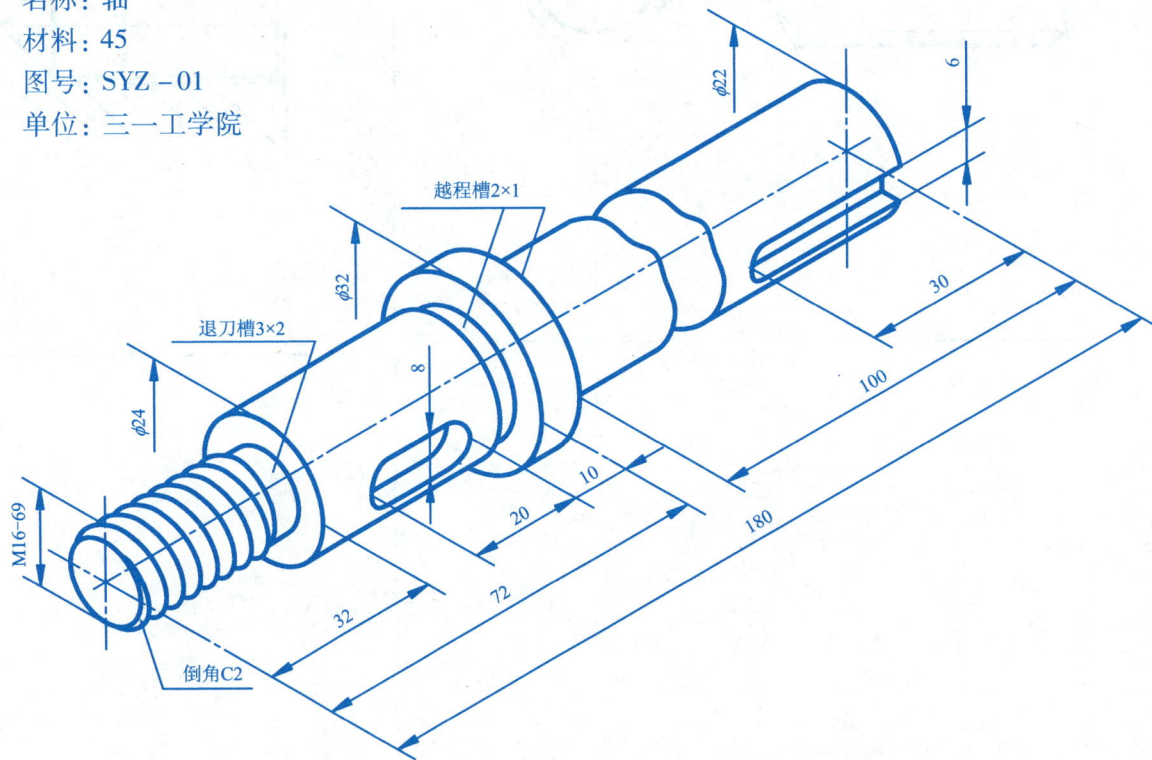

越程槽2×1
退刀槽3×2
倒角C2
M16-69

φ22
φ32
φ24
6
8
30
100
180
10
20
72
32

班级　　　　姓名　　　　学号

任务二　零件图的尺寸标注

1. 填空题。

　　(1)零件图的尺寸标注要

求是：

_____ ，

_____ ，

_____ ，

_____ 。

　　(2)标注尺寸的起点是

_____ 。

2. 根据轴测图在 A4 图纸上画出支架的零件图并标注尺寸。

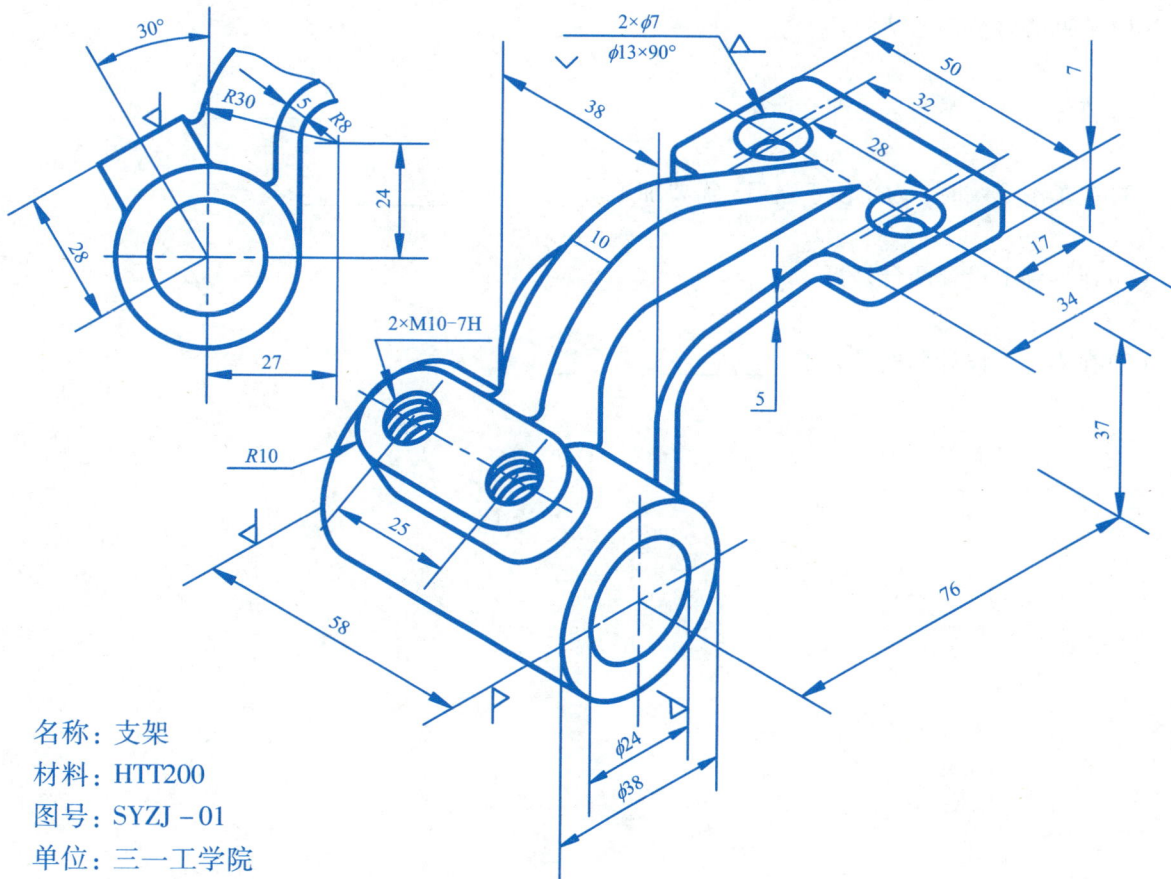

名称：支架
材料：HTT200
图号：SYZJ – 01
单位：三一工学院

任务三　零件图的工艺结构

1. 填空题。

(1) 常见的铸造工艺结构有＿＿＿＿＿＿＿＿＿＿＿＿、＿＿＿＿＿＿＿＿＿＿＿＿、＿＿＿＿＿＿＿＿＿＿＿＿。

(2) 铸件的壁厚不均匀可能会产生＿＿＿＿＿＿＿＿＿＿＿＿、＿＿＿＿＿＿＿＿＿＿＿＿。

(3) 在车削螺纹时，为了便于退刀，需要加工＿＿＿＿＿＿＿＿＿＿＿＿。

(4) 在零件上设计凸台是为了＿＿＿＿＿＿＿＿＿＿。

(5) 在零件上设计凹槽是为了＿＿＿＿＿＿＿＿＿＿。

班级　　　　　姓名　　　　　学号

2.看懂支架零件图，分析工艺结构，并做下列练习题。

(1)该零件的名称叫_____
_____，属于_____零
件。选用材料是_____，
牌号是_____，
其中 HT 表示_____，
200 表示_____。

(2)该零件共用_____个图形
表达，主视图采用_____剖视
图是为了表达清楚_____
结构。对于右端部分结构，采用
了_____图，对连接肋板
的截面形状采用了_____
图。

(3)1×45°的倒角共有____处。

(4)零件上的定位尺寸有_____
_____、_____、
_____和_____。

A

123

Ra12.5 1×45°   1×45° Ra12.5   Ra6.3

其余

R22.5

96

2×φ19.5

1×45°   1×45°

Ra6.3

Ra12.5   φ40
         φ37.5H9

Ra12.5

Ra6.3   Ra3.2

Ra12.5

A

M9-7H

82.5   φ18   1×45°   Ra3.2

75h6   Ra3.2

R45   45°   Ra3.2

34.5   172.5   φ40H7   3   22.5

Ra12.5   Ra12.5

Ra12.5

45

9

42

9

技 术 要 求

φ40H7孔与其相关零件同时加工。

支　架		比例	1：2
		数量	
制图	李明雄	重量	材料 HT200
描图			三一学院
审核			

班级　　　　　　姓名　　　　　　学号

117

任务四　零件图的技术要求

1.填空题。

(1)尺寸公差是指_____。

(2)国标中规定，标准公差为_____级，相同尺寸公差值越小，精度_____；公差值越大，精度_____。同一等级的公差，尺寸越小公差值_____，尺寸越大公差值_____。

(3)在表面粗糙度的评定参数中，轮廓算术平均偏差的代号为_____。

(4)零件的表面越光滑，粗糙度越_____。

(5)孔与轴的配合为 $\phi 30 \dfrac{H8}{f7}$，这是基_____制_____配合。

(6)基本尺寸相同的，相互结合的孔和轴公差带之间的关系称为_____。

(7)基本尺寸相同的孔和轴产生配合关系，根据间隙的大小，可分为_____配合、_____配合、_____配合三种。

2. 根据下列表面粗糙度要求，在视图上标注表面粗糙度代（符）号。

（1）

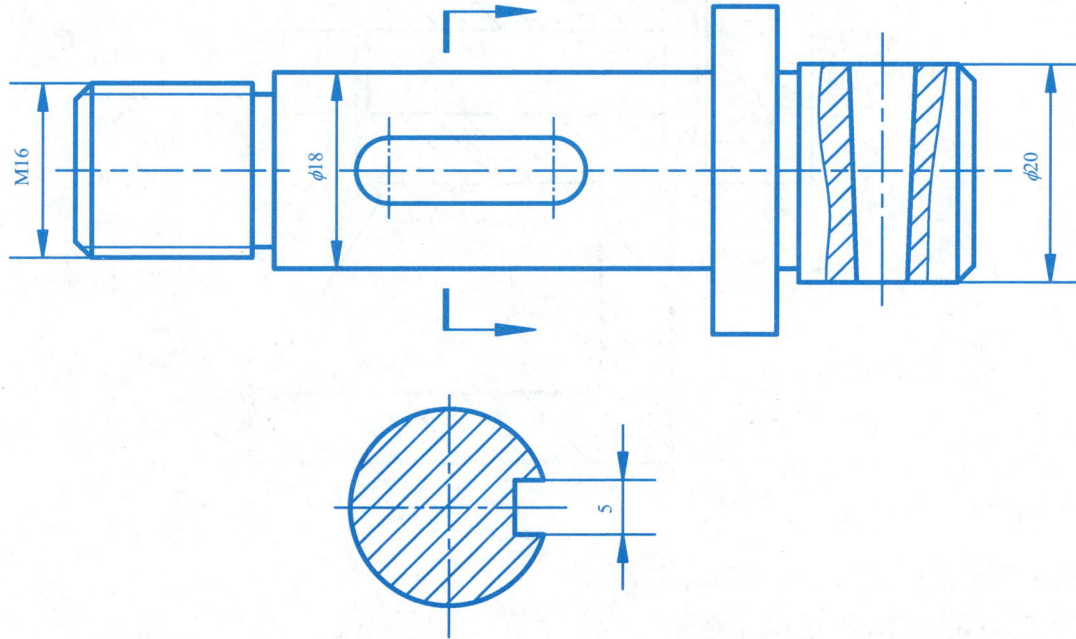

①ϕ20 mm、ϕ18 mm 圆柱面表面粗糙度 Ra 的上限值为 1.6 μm。

②M16 螺纹工作表面粗糙度 Ra 的上限值为 1.6 μm。

③键槽两侧面表面粗糙度 Ra 的上限值为 3.2 μm；底面表面粗糙度 Ra 的上限值为 6.3 μm。

④其余表面粗糙度 Ra 的上限值为 12.5 μm。

（2）

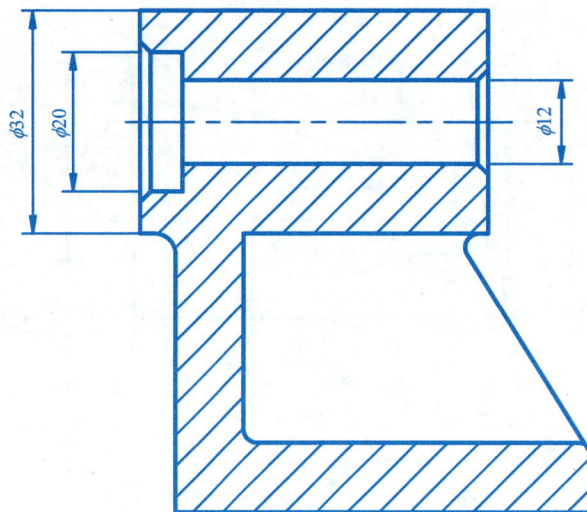

①ϕ32 mm 圆柱体左右两端面 Ra 最大允许值为 12.5 μm。

②ϕ20 mm 圆柱孔表面 Ra 最大允许值为 3.2 μm。

③ϕ12 mm 圆柱孔表面 Ra 最大允许值为 1.6 μm。

④底面 Ra 最大允许值为 12.5 μm。

⑤其余表面均为不进行加工面切削。

3. 查表注出下列零件配合面的尺寸偏差值，并填空。

（1）

$\phi 60 \dfrac{H7}{k6}$

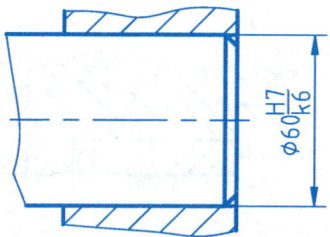

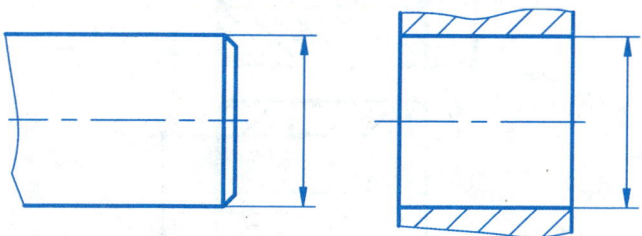

$\phi 60H7/k6$：其中＿＿＿＿＿＿＿＿＿为基本尺寸，＿＿＿＿＿＿＿＿＿＿为配合代号。H7 为孔的＿＿＿＿＿＿＿＿＿代号，孔的基本偏差为＿＿＿＿＿＿＿＿，标准公差等级为＿＿＿＿＿＿＿＿级。k6 为轴的＿＿＿＿＿＿代号，轴的基本偏差为＿＿＿＿＿＿，标准公差等级为＿＿＿＿＿＿＿＿级。孔与轴组成基＿＿＿＿＿＿＿＿＿制＿＿＿＿＿＿＿＿＿配合。

（2）

$\phi 120 \dfrac{P7}{h6}$

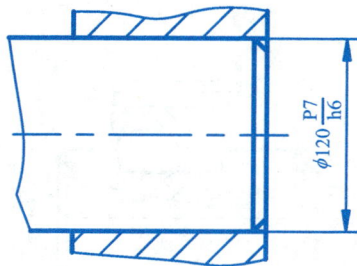

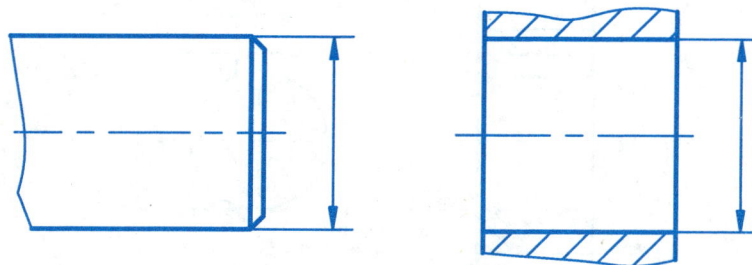

$\phi 120P7/h6$：其中＿＿＿＿＿＿＿＿＿为基本尺寸，＿＿＿＿＿＿＿＿＿＿为配合代号。P7 为孔的＿＿＿＿＿＿＿＿＿代号，孔的基本偏差为＿＿＿＿＿＿＿＿，标准公差等级为＿＿＿＿＿＿＿＿级。h6 为轴的＿＿＿＿＿＿代号，轴的基本偏差为＿＿＿＿＿＿，标准公差等级为＿＿＿＿＿＿＿＿级。孔与轴组成基＿＿＿＿＿＿＿＿＿制＿＿＿＿＿＿＿＿＿配合。

班级　　　　　　姓名　　　　　　学号

4. 查表注出下列零件配合面的尺寸极限偏差值。（键槽宽度 b 选用一般键连接的极限偏差）

（1）

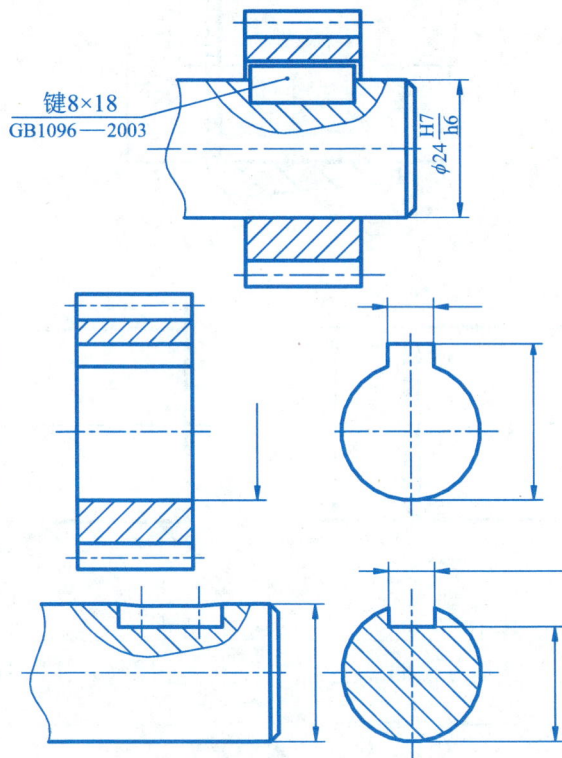

键8×18
GB1096—2003

$\phi24\dfrac{H7}{h6}$

（2）

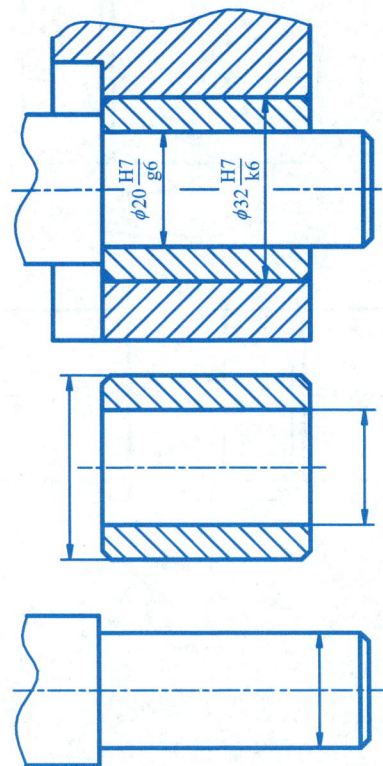

$\phi20\dfrac{H7}{g6}$

$\phi32\dfrac{H7}{k6}$

5. 根据代号查出相关数据填表，并画出公差带图。

（1）根据代号查出标准公差与基本偏差，计算偏差值、极限尺寸，并说明代号意义（单位:mm）。						
序号	代号	标准公差	基本偏差	极限尺寸	代号意义	画出公差带图并标出上、下偏差
1	$\phi25H7$		ES = EI =	$A_{max} =$ $A_{min} =$		$0 \dfrac{+}{-}$
2	$\phi17H6$		ES = EI =	$A_{max} =$ $A_{min} =$		$0 \dfrac{+}{-}$
3	$\phi50f7$		es = ei =	$A_{max} =$ $A_{min} =$		$0 \dfrac{+}{-}$
4	$\phi50G7$		ES = EI =	$A_{max} =$ $A_{min} =$		$0 \dfrac{+}{-}$
5	$\phi24j7$		es = ei =	$A_{max} =$ $A_{min} =$		$0 \dfrac{+}{-}$
6	$\phi10r6$		es = ei =	$A_{max} =$ $A_{min} =$		$0 \dfrac{+}{-}$

班级　　　　　　姓名　　　　　　学号

(2)根据代号查出孔、轴的上、下偏差值，计算最大(小)间隙或最大(小)过盈，并说明代号意义(单位：mm)。

序号	代号	孔、轴上下偏差值		最大(小)间隙或过盈	代号意义	画出公差带图并标出间隙或过盈
1	$\phi50\dfrac{H8}{f7}$	孔	$\phi50$			$0\ \dfrac{+}{-}$ _____
		轴	$\phi50$			
2	$\phi50\dfrac{H7}{s6}$	孔	$\phi50$			$0\ \dfrac{+}{-}$ _____
		轴	$\phi50$			
3	$\phi50\dfrac{H7}{k6}$	孔	$\phi50$			$0\ \dfrac{+}{-}$ _____
		轴	$\phi50$			
4	$\phi50\dfrac{N7}{h6}$	孔	$\phi50$			$0\ \dfrac{+}{-}$ _____
		轴	$\phi50$			

班级　　　　　姓名　　　　　学号

6.在图样中标注形位公差。

(1)顶面的平面度公差0.03 mm。

180

(2)ϕ30f6 的圆柱度公差0.01 mm。

ϕ30f6

(3)顶面对底面的平行度公差0.02 mm。

班级　　　　　姓名　　　　　学号

（4）$\phi100h6$ 对 $\phi45P7$ 的径向圆跳动公差 0.015 mm；$\phi100h6$ 的圆度公差 0.004 mm，右端面对左端面的平行度公差 0.01 mm。

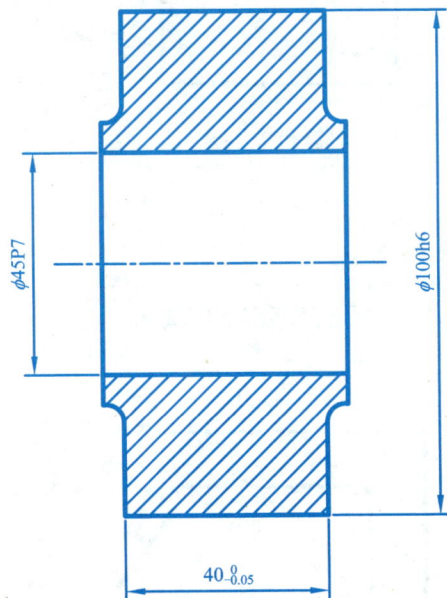

（5）$\phi50h7$ 对 $\phi30h6$ 的径向圆跳动公差 0.02 mm；端面 A 对 $\phi30h6$ 轴线的端面圆跳动公差 0.04mm。

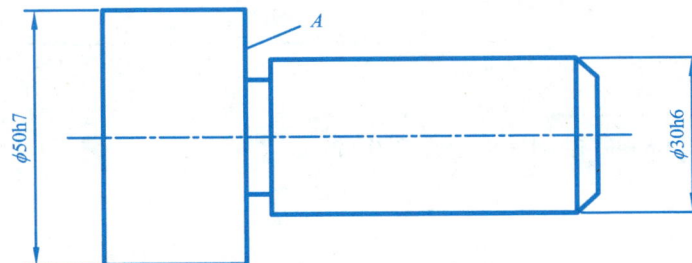

$\phi45P7$

$\phi100h6$

$40^{\ 0}_{-0.05}$

$\phi50h7$

A

$\phi30h6$

班级　　　　　　　姓名　　　　　　　学号

任务五 识读零件图

1.看懂套筒零件图，并做下列练习题。

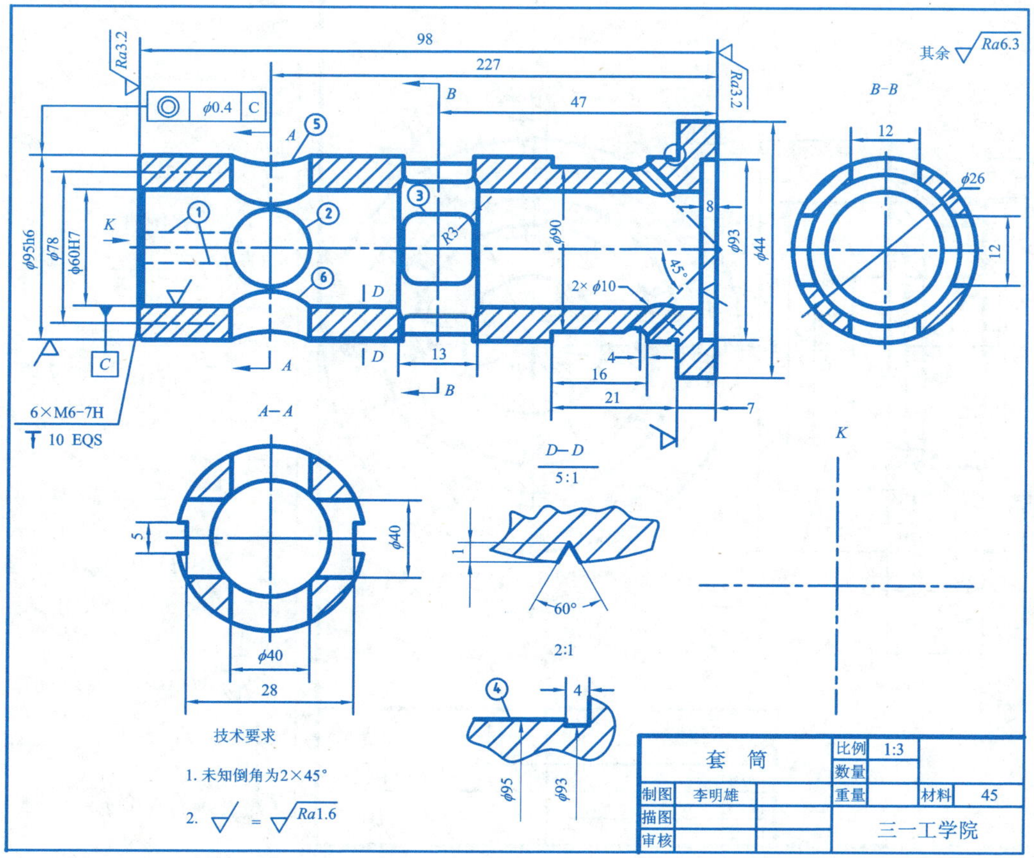

套筒零件图（比例 1:3，材料 45，制图 李明雄，三一工学院）

1. 分析尺寸主要基准，轴向基准是_____，径向基准是_____。
2. 图中①所指的两条虚线间距为_____。
3. 图中②所指的圆的直径为_____。
4. 图中③所指的线框，其定形尺寸为_____。
5. 2×ϕ10 孔的定位尺寸为_____。
6. 套筒最左端面的表面粗糙度是_____。
7. 局部放大图中④所指位置的表面粗糙度是_____。图中 4 处所标 $\sqrt{}$ 粗糙度为_____。
8. ϕ132±0.2 的外圆最大可以加工成_____，最小可加工成_____，其公差值为_____。
9. 图中标有⑤所指的是由_____与_____两圆相交所形成的相贯线。
10. 图中标有⑥所指的是由_____与_____两圆相交形成的相贯线。
11. 符号 ◎ ϕ0.4 C 的含义是_____。
12. 补画 K 向局部视图。

2.看懂端盖零件图，并作下列练习题。

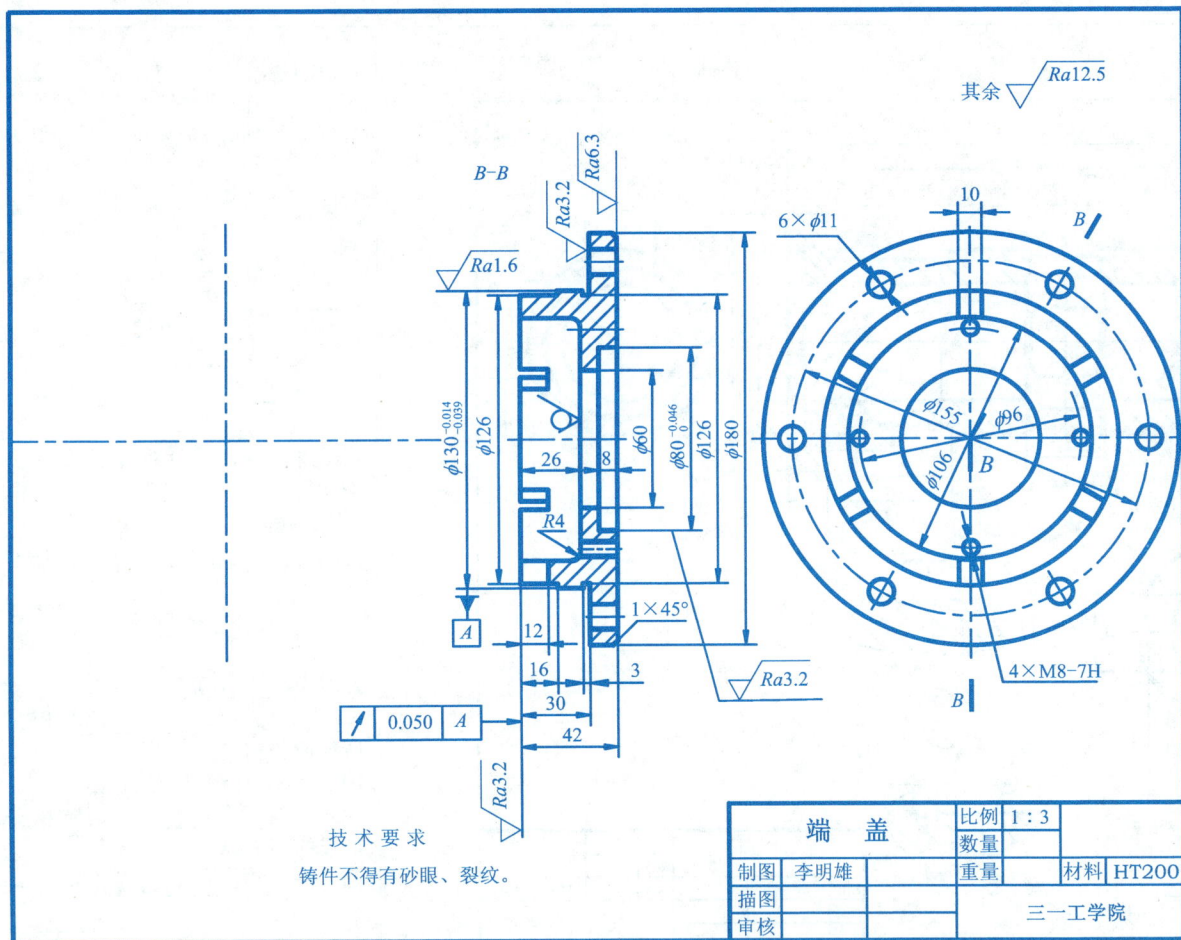

其余 $\sqrt{Ra12.5}$

B—B

$\sqrt{Ra6.3}$
$\sqrt{Ra3.2}$

$\sqrt{Ra1.6}$

$6 \times \phi 11$

10

B

$\phi 155$ $\phi 6$

$\phi 106$ B

$\phi 130^{-0.014}_{-0.039}$ $\phi 126$

26 8 $\phi 60$ $\phi 80^{-0.046}_{0}$ $\phi 126$ $\phi 180$

$R4$

$1 \times 45°$

A

12

16   3

30    $\sqrt{Ra3.2}$

42

$4 \times M8{-}7H$

B

| ↗ | 0.050 | A |

$\sqrt{Ra3.2}$

技 术 要 求
铸件不得有砂眼、裂纹。

端　盖	比例	1：3
	数量	
制图	李明雄	重量		材料	HT200
描图					
审核		三一工学院			

(1) 该零件采用了_____和_____两个视图表达，主视图采用_____，剖切方法为_____。

(2) 端盖左端有_____个槽，槽宽为_____，槽深为_____。

(3) 端盖周围有_____个孔，它的直径为_____，定位尺寸为_____。

(4) 图中_____部分的基本尺寸为_____，最大极限尺寸为_____，最小极限尺寸为_____，上偏差为_____，下偏差为_____，公差为_____。

(5) 图中 $\phi 130^{-0.014}_{-0.039}$ 外圆柱面的表面粗糙度 Ra 的数值小是因为该表面_____。

(6) | ↗ | 0.050 | A | 表示被测部位为_____，其对_____公差为_____。

(7) 补画右视图。

班级　　　　　姓名　　　　　学号

3. 看懂传动箱零件图，并作下列练习题。

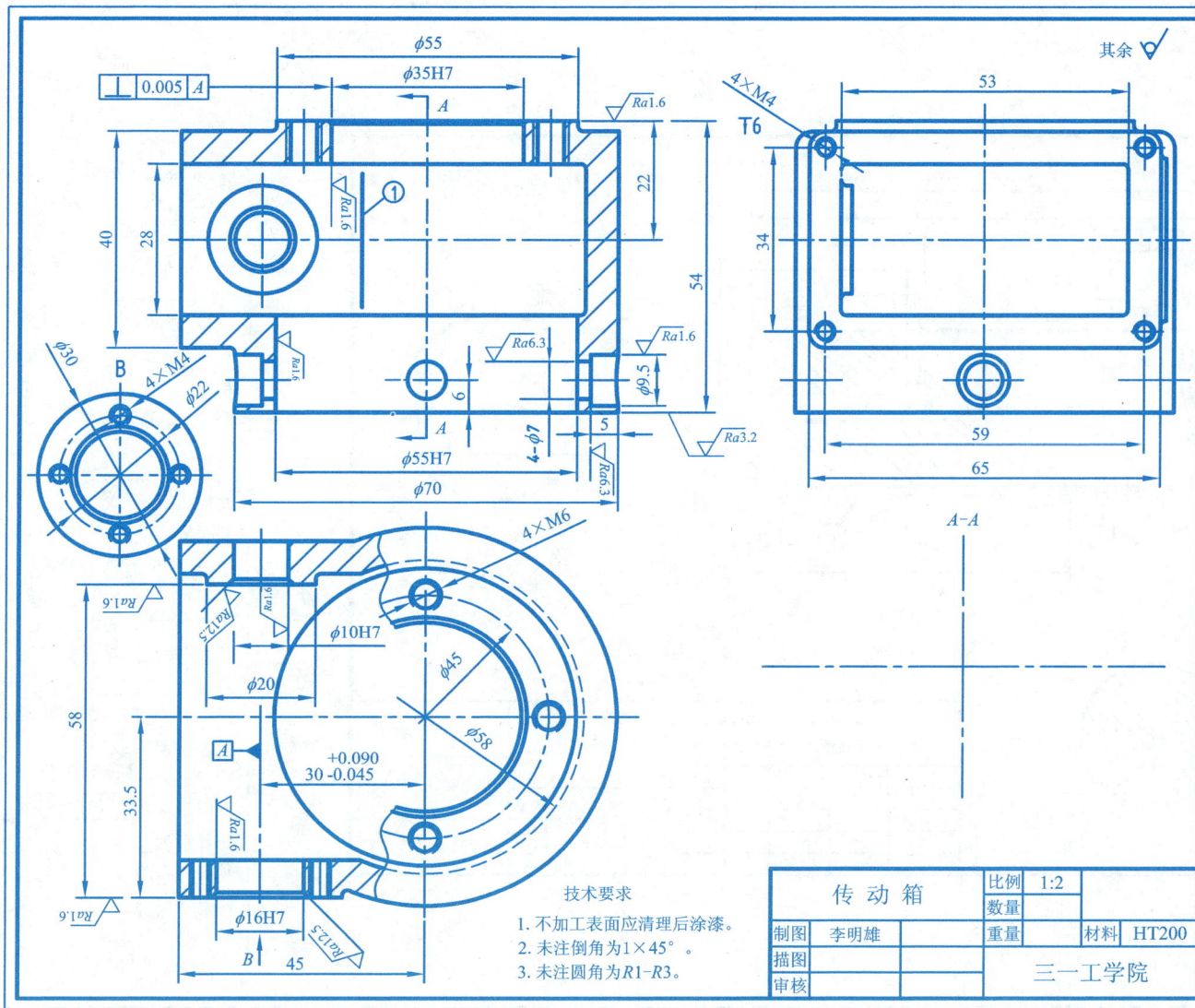

技术要求
1. 不加工表面应清理后涂漆。
2. 未注倒角为1×45°。
3. 未注圆角为R1-R3。

传 动 箱		比例	1:2		
		数量			
制图	李明雄		重量	材料	HT200
描图					
审核		三一工学院			

(1) 传动箱共用了____个视图，视图的名称是_____、_____、_____、_____，采用的剖视图是_____、_____。

(2) 传动箱内装蜗轮、蜗杆传动件，从图中可以看出它们的中心距为____。

(3) 宽度、长度和高度方向主要尺寸基准分别为_____、_____、_____。

(4) 符号①所指出的直线是_____和_____的交线。

(5) 加工质量要求最高的表面粗糙度是_____，最低的是_____。

(6) 尺寸 $\phi35H7$ 中，$\phi35$ 是_____尺寸，H7 是_____代号，H 是_____代号，而7 是_____等级。

(7) $30^{+0.090}_{-0.045}$ 中，30 是_____，上下偏差分别是_____和_____，公差值是_____。

(8) 左端面 4×M4 螺孔的定位尺寸是_____。

(9) 在指定位置画 A－A 剖视图。

4. 看懂右出料斗旋转轴的零件图并填空。

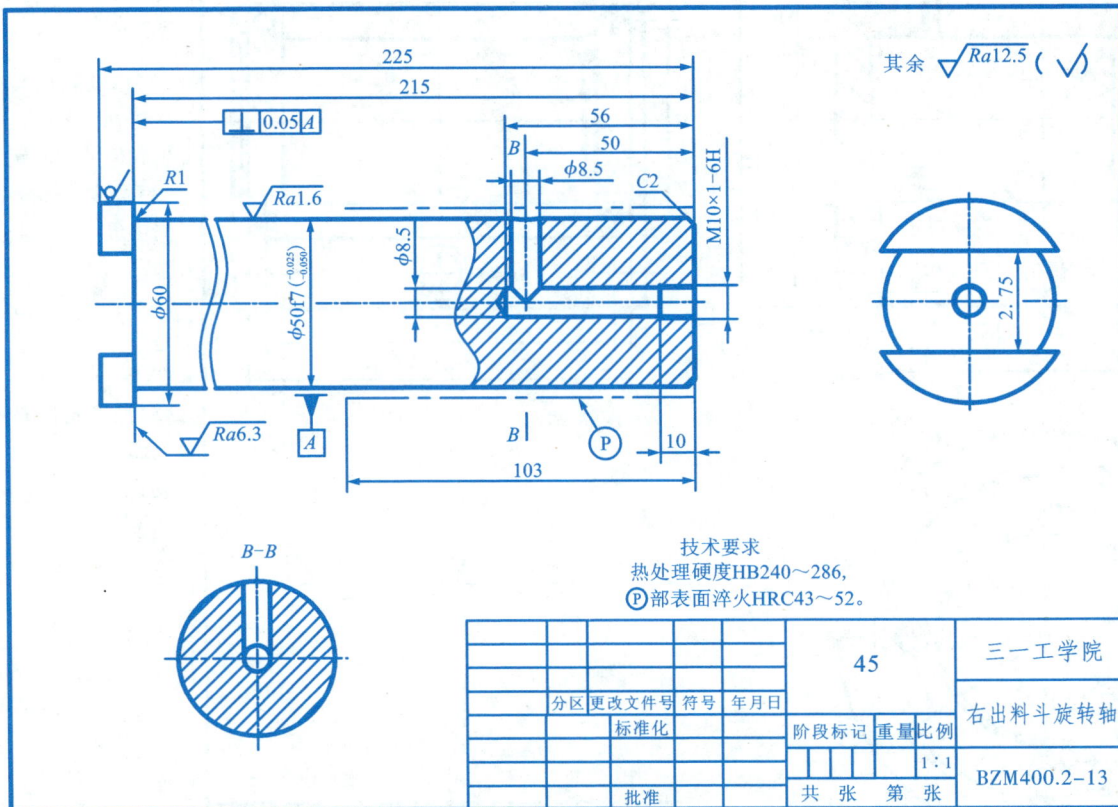

其余 $\sqrt{Ra12.5}$ ($\sqrt{\ }$)

225
215

0.05 A

R1

$\sqrt{Ra1.6}$

56
50

B

$\phi8.5$

C2

M10×1-6H

$\phi8.5$

$\phi60$

$\phi50f7(^{-0.025}_{-0.050})$

2.75

$\sqrt{Ra6.3}$

A

B

P

10

103

B-B

技术要求
热处理硬度HB240～286,
P 部表面淬火HRC43～52。

分区	更改文件号	符号	年月日			
	标准化					
	批准					

	45	三一工学院
阶段标记	重量	比例
		1:1
共 张	第 张	右出料斗旋转轴
		BZM400.2-13

(1) 该零件的名称是 ____
_____，材料
是 _____。
(2) 主视图采用的是 ____
剖视图，主视图右边的图
形为 _____视图。
(3) 上方有 B-B 的图为
_____图。
(4) 尺寸 $\phi50f7(^{-0.025}_{-0.050})$ 的
基本尺寸为 ____，基本偏
差是 ____，最大极限尺寸
是 ____，最小极限尺寸是
____，公差是 ____。
(5) 该零件轴向的尺寸基
准是 _____，径向的尺寸
基准是 _____。
(6) 零件的右端面螺纹尺
寸为 M10×1-6H 的螺距
为 ____，大径为 _____。
(7) 零件的右端面的倒角
为 _____。
(8) 套 $\phi50$ 的外圆面的表
面粗糙度为 _____。
(9) 说明图中下列形位公
差的意义： ⊥ 0.05 A 被
测要素为 _____，
基准要素为 _____，
公差项目为 _____，
公差值为 _____。

班级　　　　　　姓名　　　　　　学号

5. 看懂法兰的零件图并填空。

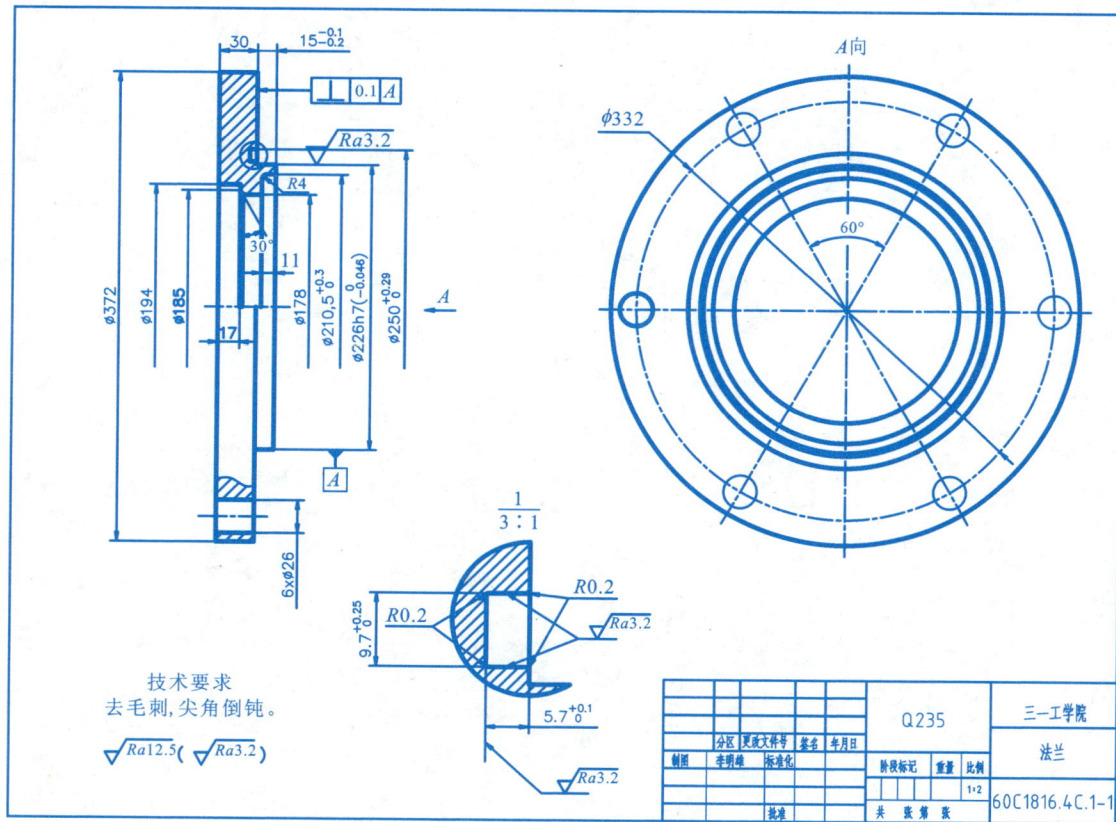

技术要求
去毛刺,尖角倒钝。

$\sqrt{Ra12.5}(\sqrt{Ra3.2})$

					Q235	三一工学院
分区	更改文件号	签名	年月日			法兰
制图	李明雄	标准化		阶段标记	重量	比例
						1:2
审核		批准		共 张 第 张		60C1816.4C.1-1

(1) 该零件的名称是_____,
材料是_____,
比例是_____。

(2) 主视图采用了_____视图,上方有 3:1 的图形是_____图。

(3) 轴向的主要尺寸基准是_____,径向的主要尺寸基准是_____。

(4) 主视图中尺寸 $\phi226h7$ 的最大极限尺寸为_____,最小极限尺寸为_____,公差为_____,基本偏差为_____。

(5) 左视图中有____个螺钉安装孔,直径为_____,定位尺寸为_____。

(6) 主视图图中直径为 $\phi194$ mm 的孔深度是_____。

(7) 主视图中尺寸 $\phi226h7$ 的表面粗糙度要求是_____。

(8)（⊥ 0.1 A）标注中,被测要素是_____,基准要素是_____,公差项目是_____,公差值是_____。

任务六　零件测绘

1.填空题。

(1)游标卡尺一般可以用来测量_____、_____、_____。

(2)游标卡尺根据测量精度可以分为_____、_____、_____。

(3)千分尺可以测量到小数点后_____位。

2. 根据轴测图，运用所学的测绘方法用 A3 图纸画出零件图，要求表达正确并标注尺寸和填写标题栏。

名称：支架
材料：HT150
图号：SYJD–01–03
单位：三一工学院

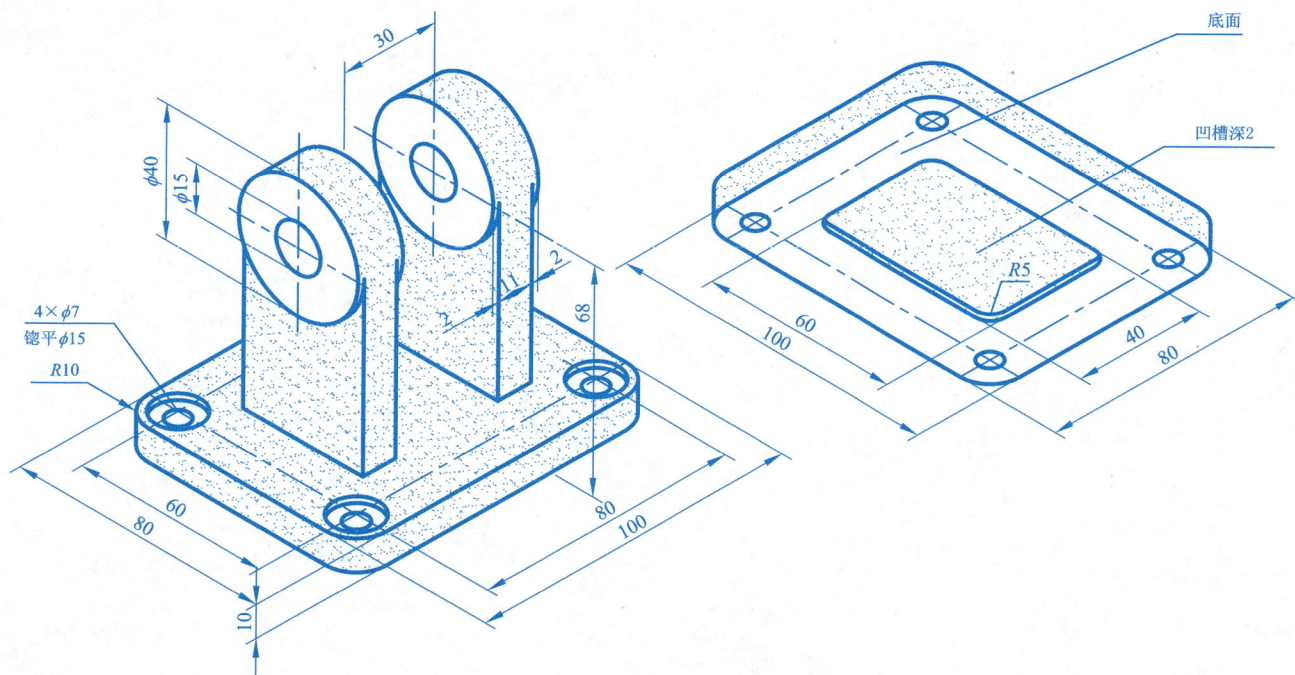

底面

凹槽深2

30

$\phi40$
$\phi15$

2
11
2

68

$4\times\phi7$
锪平$\phi15$
R10

R5

60
100
40
80

60
80
100
10

项目七 　装配图

任务一 　装配图的作用与内容

1. 填空题。

（1）装配图主要包括 _____ 、_____ 、_____ 和 _____ 等内容。

（2）装配图的主要作用有 _____ 、_____ 等。

班级 　　　　　姓名 　　　　　学号

2. 看懂轴承架的装配图并填空。

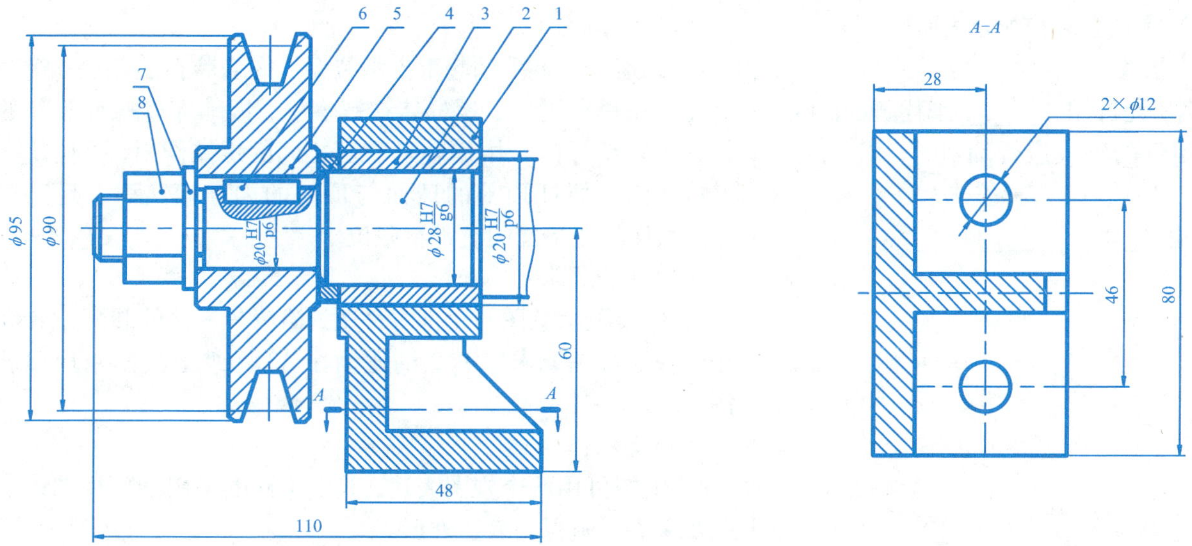

技术要求：
1. 装配后，要求转动灵活；
2. 使用时，在件1与件2、件5的接触面上滴机油

A–A

2×φ12

28

46

80

1		轴架	1	HT150	
序号	代号	名称	数量	材料	备注

8	GB/T 6170—2015	螺母M16	1		
7	GB/T 97.1—2002	垫圈16	1		
6	GB/T 1095—2003	键6×8	1		
5		带轮	1	HT150	
4		垫圈	1	Q235	
3		轴衬	1	青铜	
2		轴	1	45	
序号	代号	名称	数量	材料	备注

三一工学院

轴承架

分区	更改文件号	签名	年月日
制图	李明雄	标准化	

阶段标记	重量	比例
		1:1

60C1816.4C.1-1

共 张 第 张

(1) 轴承架共用了____种零件，标准件有____种。

(2) 主视图采用了_____剖视图与_____剖视图，A–A剖视图主要表达_____个安装孔的位置。

(3) 主视图中 φ28H7/g6 的基本尺寸是_____，轴的公差带代号是_____，孔的公差带代号是_____；它是_____号件与_____号件之间的配合，属于基_____制的_____配合。

(4) 主视图中 φ38H7/p6 是_____号件与_____号件之间的配合，属于基_____制的_____配合。

(5) 6号件键的宽度为_____，长度为_____，该轴段的直径为_____。

任务二　装配图的表示方法

1. 填空题。

（1）装配图上相邻两零件的接触表面和配合表面画_____条线，不接触表面画_____条线。

（2）剖面厚度小于 2 mm 时，允许用_____来代替剖面线。

（3）在装配图上，沿轴类零件的轴线进行剖切时，该零件应按_____绘制。

（4）装配图的特殊表达方有_____、_____、_____和_____等。

2. 由零件图画千斤顶装配图。

（1）工作原理：

千斤顶是一种手动起重支承装置。螺套装在底座上，螺套与底座间用螺钉固定。螺杆装在螺套中，扳动穿过螺杆头部的横杆即可转动螺杆。由于螺杆、螺套之间的螺纹作用，可使螺杆上升或下降。螺杆顶部的球面与顶垫的内球面接触，起浮动作用。螺杆与顶垫之间有螺钉限位。

（2）作业要求：

看懂装配示意图与全部零件图，搞清各零件的装配位置和作用。按装配图要求以 1∶2 的比例在 A3 图纸上绘制千斤顶装配图。

（3）提示：

装配图可用两个视图表达，其中主视图采用全剖视图以表达装配关系，俯视图表达外形。

班级　　　　　姓名　　　　　学号

(4)装配示意图。

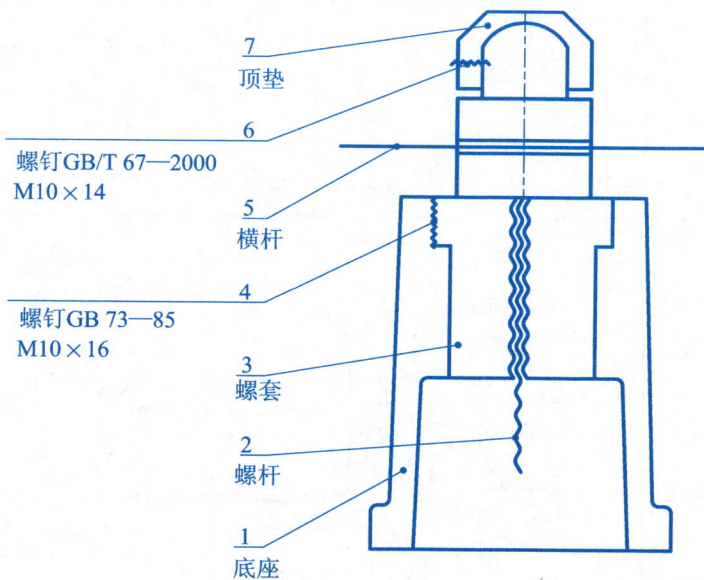

7
顶垫

6

螺钉GB/T 67—2000
M10×14

5
横杆

4

螺钉GB 73—85
M10×16

3
螺套

2
螺杆

1
底座

(5)装配分解图。

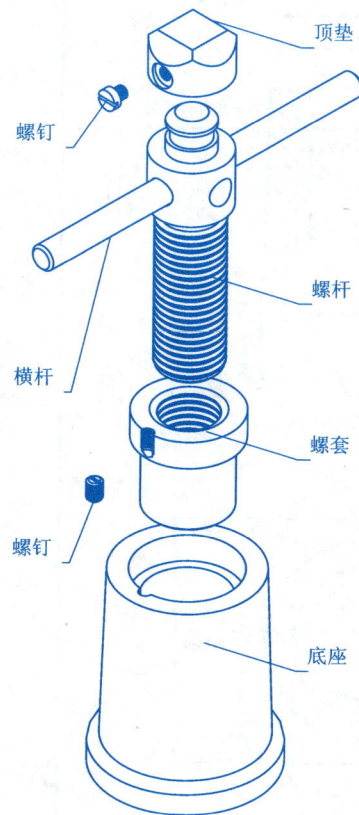

顶垫

螺钉

螺杆

横杆

螺套

螺钉

底座

班级　　　　　姓名　　　　　学号

（6）千斤顶各零件图。

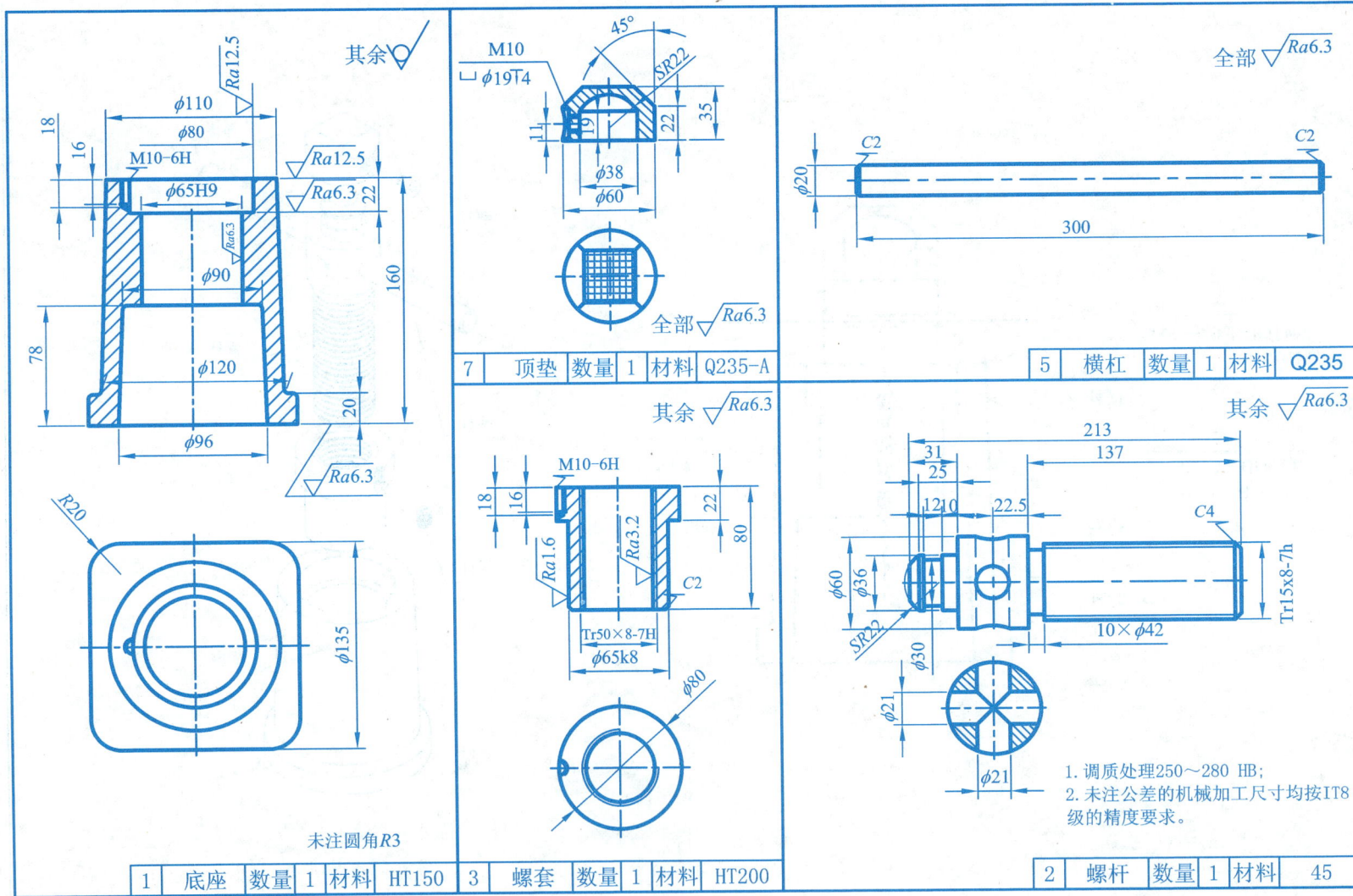

其余 ∇Ra12.5

φ110
φ80
M10-6H
φ65H9
∇Ra12.5
∇Ra6.3
∇Ra6.3
18
16
22
160
78
φ90
φ120
20
φ96
∇Ra6.3

R20
φ135
φ25

未注圆角R3

| 1 | 底座 | 数量 | 1 | 材料 | HT150 |

45°
M10
⊔φ19T4
SR22
35
22
φ38
φ60
全部 ∇Ra6.3

| 7 | 顶垫 | 数量 | 1 | 材料 | Q235-A |

其余 ∇Ra6.3

M10-6H
18
16
22
80
Ra1.6
Ra3.2
C2
Tr50×8-7H
φ65k8
φ80

| 3 | 螺套 | 数量 | 1 | 材料 | HT200 |

全部 ∇Ra6.3

C2
φ20
300
C2

| 5 | 横杠 | 数量 | 1 | 材料 | Q235 |

其余 ∇Ra6.3

213
137
31
25
12 10
22.5
C4
φ60
φ36
Tr15x8-7h
SR22
φ30
10×φ42
φ21
φ21

1. 调质处理250~280 HB；
2. 未注公差的机械加工尺寸均按IT8
级的精度要求。

| 2 | 螺杆 | 数量 | 1 | 材料 | 45 |

班级　　　　　　姓名　　　　　　学号

任务三　装配图的尺寸标注与技术要求

1. 填空题。

装配图上的尺寸分为_____、_____、_____、_____、_____五种。

2. 分拆下页的缸体零件图，填空，并进行拆画。

（1）汽缸共用了_____种零件，标准件有_____种。6号件活塞材料的牌号为_____，含义是_____
_____。

（2）汽缸共用了_____个图形表达。主视图采用了_____剖视图，上方双点画线表示_____
画法；主视图还采用了_____剖视图。左视图采用的是_____剖视图。俯视图采用的是_____
_____剖视图。

（3）主视图右边 $\phi30H8/m7$ 的基本尺寸是_____，轴的公差带代号是_____，孔的公差带代号是_____
_____；它是_____号件与_____号件之间的配合，属于基_____制
的_____配合。

（4）透盖3属于_____类零件，缸体5属于_____类零件。

（5）主视图中275属于_____尺寸，$\phi80H8/f7$ 属于_____尺寸，俯视
图中155属于_____尺寸。

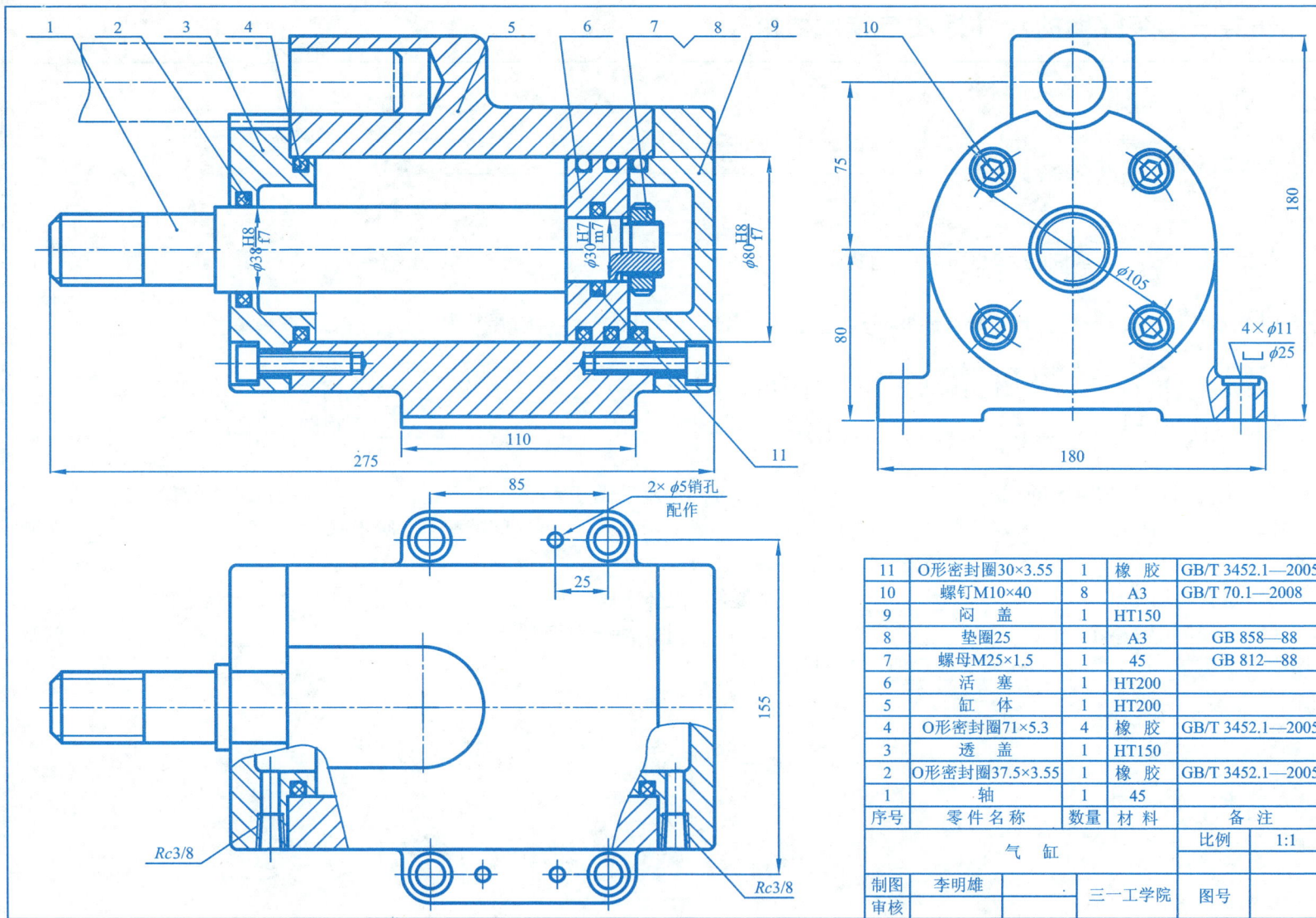

气缸

序号	零件名称	数量	材料	备注
11	O形密封圈30×3.55	1	橡胶	GB/T 3452.1—2005
10	螺钉M10×40	8	A3	GB/T 70.1—2008
9	闷盖	1	HT150	
8	垫圈25	1	A3	GB 858—88
7	螺母M25×1.5	1	45	GB 812—88
6	活塞	1	HT200	
5	缸体	1	HT200	
4	O形密封圈71×5.3	4	橡胶	GB/T 3452.1—2005
3	透盖	1	HT150	
2	O形密封圈37.5×3.55	1	橡胶	GB/T 3452.1—2005
1	轴	1	45	

比例 1:1

制图 李明雄　三一工学院　图号

审核

班级　　　姓名　　　学号

任务四　装配图的工艺结构与画法

看调节支座装配图填空并拆画零件 2 支承座、零件 3 调节螺母、零件 4 支承螺杆。

1.看图填空。

（1）该装配体的名称为＿＿＿＿＿＿＿＿，共用了＿＿＿＿＿＿＿＿个零件。

（2）装配体共用了＿＿＿＿＿＿＿＿个图形表达，主视图采用了＿＿＿＿＿＿＿＿剖视图和＿＿＿＿＿＿＿＿剖视图，上方有 A 的视图是＿＿＿＿＿＿＿＿图，主视图上方双点画线采用的是＿＿＿＿＿＿＿＿画法。

（3）主视图中 $\phi80$ 是＿＿＿＿＿＿＿＿尺寸；$\phi16H7/h6$ 是＿＿＿＿＿＿＿＿号件与＿＿＿＿＿＿＿＿号件的配合尺寸，属于＿＿＿＿＿＿＿＿尺寸，组成＿＿＿＿＿＿＿＿配合。

2.拆画零件图要求。

（1）按图 1:1 拆画支承座（2 号零件），并标注全部尺寸。

（2）在视图中标注指定表面的表面粗糙度代号：ϕ16H7 圆柱孔的 Ra 值为 1.6 μm，底面的 Ra 值为 3.2 μm。

（3）3 号零件、4 号零件按 1:1 拆画，不标尺寸。

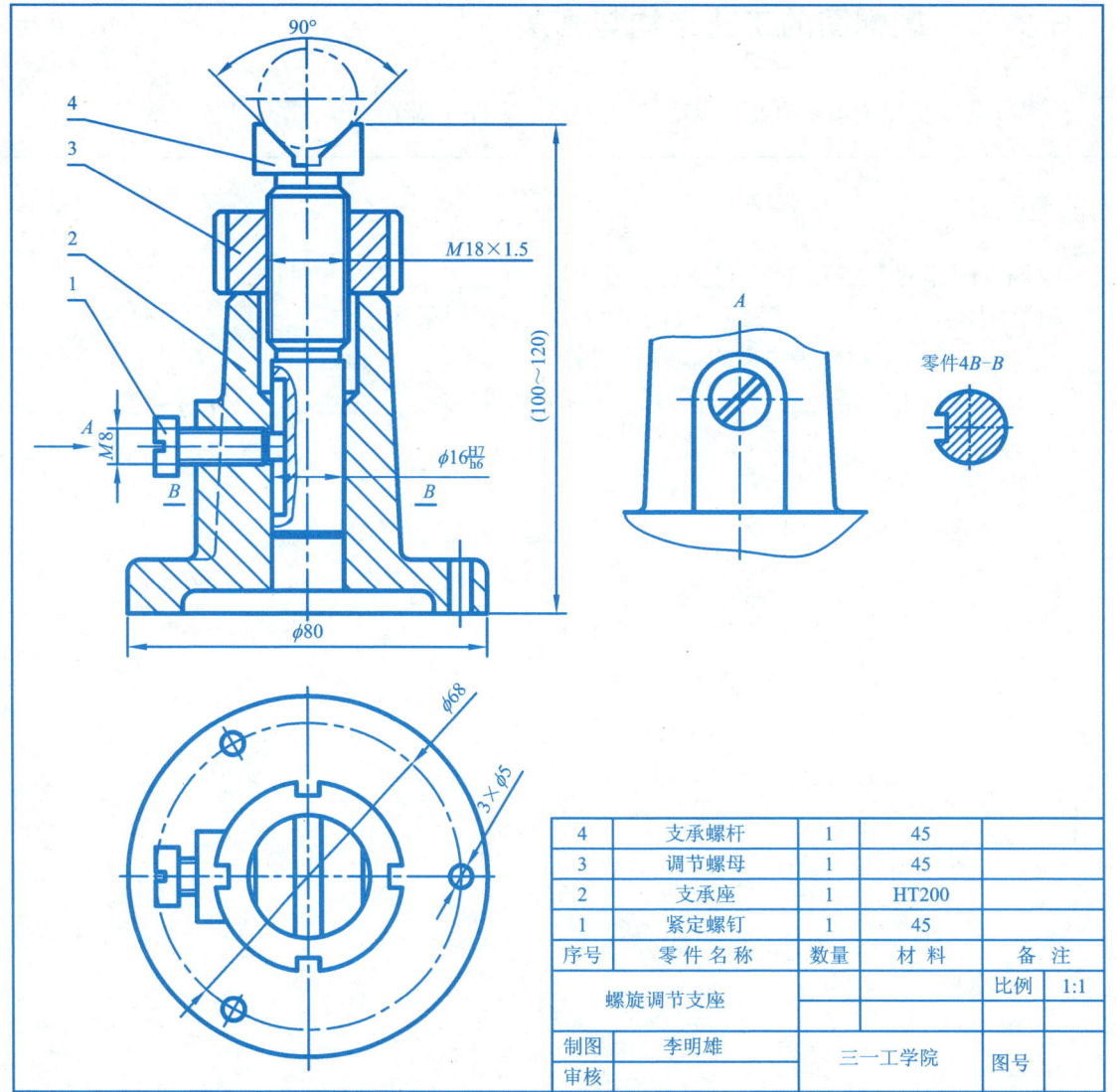

90°

4

3

$M18\times1.5$

2

1

A

A

(100~120)

$M8$

$\phi16\frac{H7}{h6}$

B

B

A

零件4B-B

$\phi80$

$\phi68$

$3\times\phi5$

4	支承螺杆	1	45	
3	调节螺母	1	45	
2	支承座	1	HT200	
1	紧定螺钉	1	45	
序号	零件名称	数量	材料	备注

螺旋调节支座		比例	1:1
制图	李明雄	三一工学院	图号
审核			

任务五　识读装配图

1. 读机用虎钳装配图，填空。

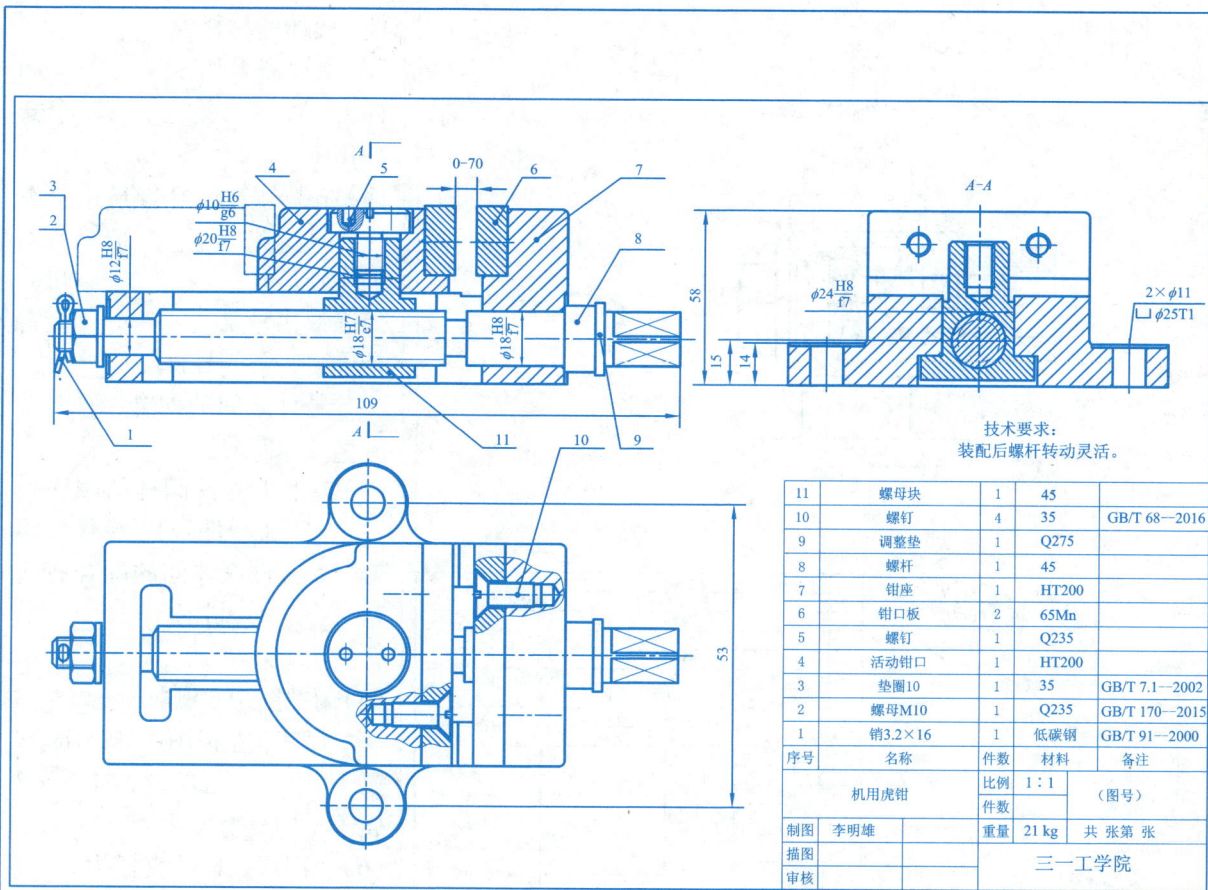

11	螺母块	1	45	
10	螺钉	4	35	GB/T 68—2016
9	调整垫	1	Q275	
8	螺杆	1	45	
7	钳座	1	HT200	
6	钳口板	2	65Mn	
5	螺钉	1	Q235	
4	活动钳口	1	HT200	
3	垫圈10	1	35	GB/T 7.1—2002
2	螺母M10	1	Q235	GB/T 170—2015
1	销3.2×16	1	低碳钢	GB/T 91—2000
序号	名称	件数	材料	备注

技术要求:
装配后螺杆转动灵活。

机用虎钳	比例	1:1	(图号)
	件数		
制图	李明雄	重量	21 kg	共 张第 张
描图			三一工学院
审核		

(1)机用虎钳共用了＿＿＿＿＿种零件，标准件有＿＿＿＿＿种。

(2)主视图采用了＿＿＿＿剖视图，左上方双点画线表示＿＿＿＿＿画法，主视图还采用了＿＿＿＿剖视图；左视图采用的是＿＿＿＿剖视图，俯视图采用的是＿＿＿＿剖视图。

(3)主视图右边 $\phi18H8/f7$ 的基本尺寸是＿＿＿＿＿，轴的公差带代号是＿＿＿＿＿，孔的公差带代号是＿＿＿＿＿；它是螺杆8与＿＿＿号件之间的配合，属于基＿＿＿制的＿＿＿＿配合。

(4)钳座7属于＿＿＿＿类零件，螺杆8属于＿＿＿＿类零件。

(5)拆卸螺母11的拆卸顺序是＿＿＿＿。

(6)主视图中206属于＿＿＿＿尺寸，0-70属于＿＿＿＿尺寸，俯视图中101属于＿＿＿＿尺寸。

(7)俯视图中间螺钉上2个小圆孔的作用是＿＿＿＿。

(8)钳口板6与钳座7之间用＿＿＿＿连接，螺母2运用＿＿＿＿防松。

班级　　　　　　姓名　　　　　　学号

2.看懂止回阀的装配图并填空。

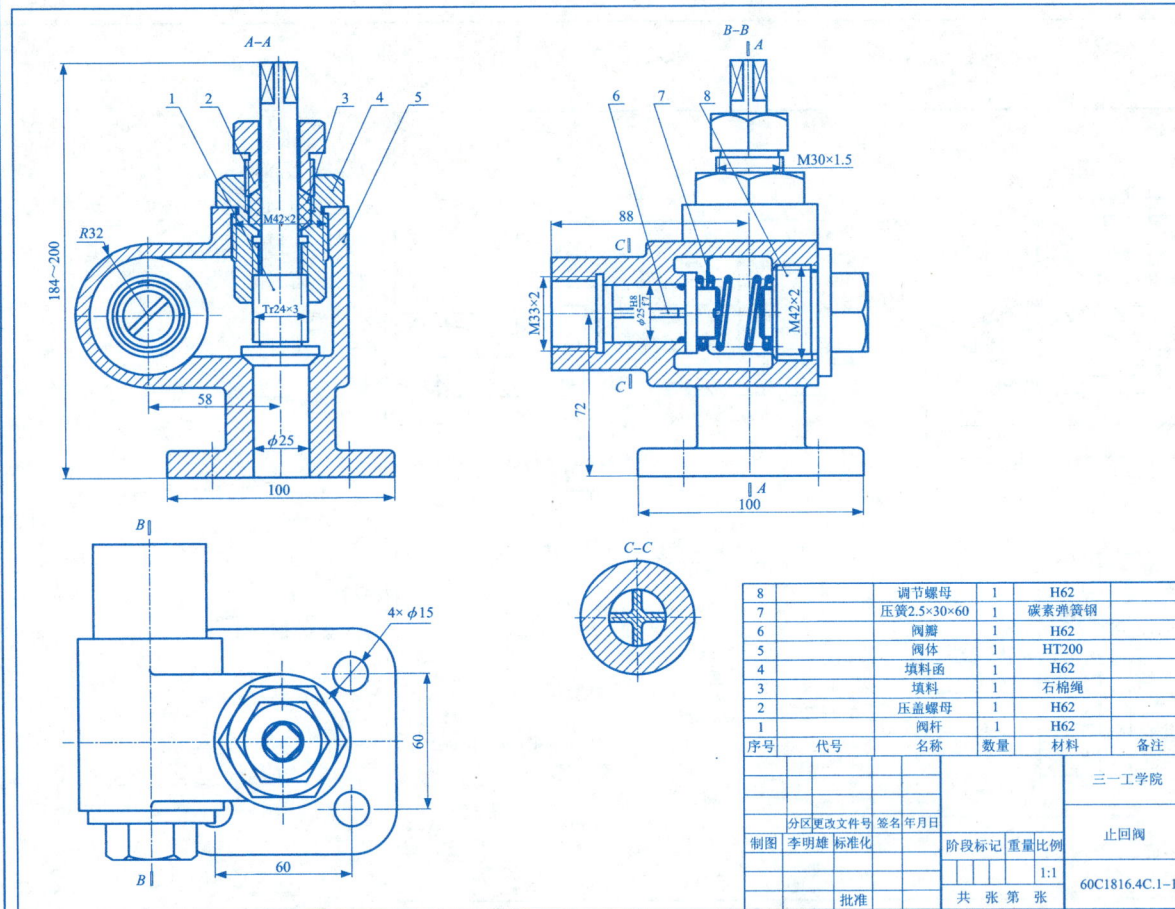

A-A

184~200

R32

M42×2

Tr24×3

58

φ25

100

B-B A

M30×1.5

88

M33×2

$\phi 25 \frac{H8}{f7}$

M42×2

72

100 A

C-C

B

4×φ15

60

60

8		调节螺母	1	H62	
7		压簧2.5×30×60	1	碳素弹簧钢	
6		阀瓣	1	H62	
5		阀体	1	HT200	
4		填料函	1	H62	
3		填料	1	石棉绳	
2		压盖螺母	1	H62	
1		阀杆	1	H62	
序号	代号	名称	数量	材料	备注

	分区	更改文件号	签名	年月日		三一工学院	
制图	李明雄	标准化			阶段标记	重量	比例	止回阀
							1:1	60C1816.4C.1-1
		批准			共 张 第 张		

(1)止回阀共用了_____种零件，阀体的材料为_____。

(2)主视图采用了_____剖视图，底座上有_____个安装孔。

(3)左视图中 $\phi 25 H8/f7$ 的基本尺寸是_____，轴的公差带代号是_____，孔的公差带代号是_____；它是_____号件与_____号件之间的配合，属于基_____制的_____配合。

(4)拆下 1 号件阀杆的顺序是_____（写件号）。6 号件阀瓣与 5 号件阀体间的配合属于基_____制的_____配合。

(5)俯视图中 60 属于_____尺寸；左视图中 $\phi 25 H8/f7$ 属于_____尺寸，M33 × 2 属于_____尺寸。

(6)止回阀入口的直径为____，出口的直径为_____。

3. 看懂齿轮油泵的装配图并完成填空。

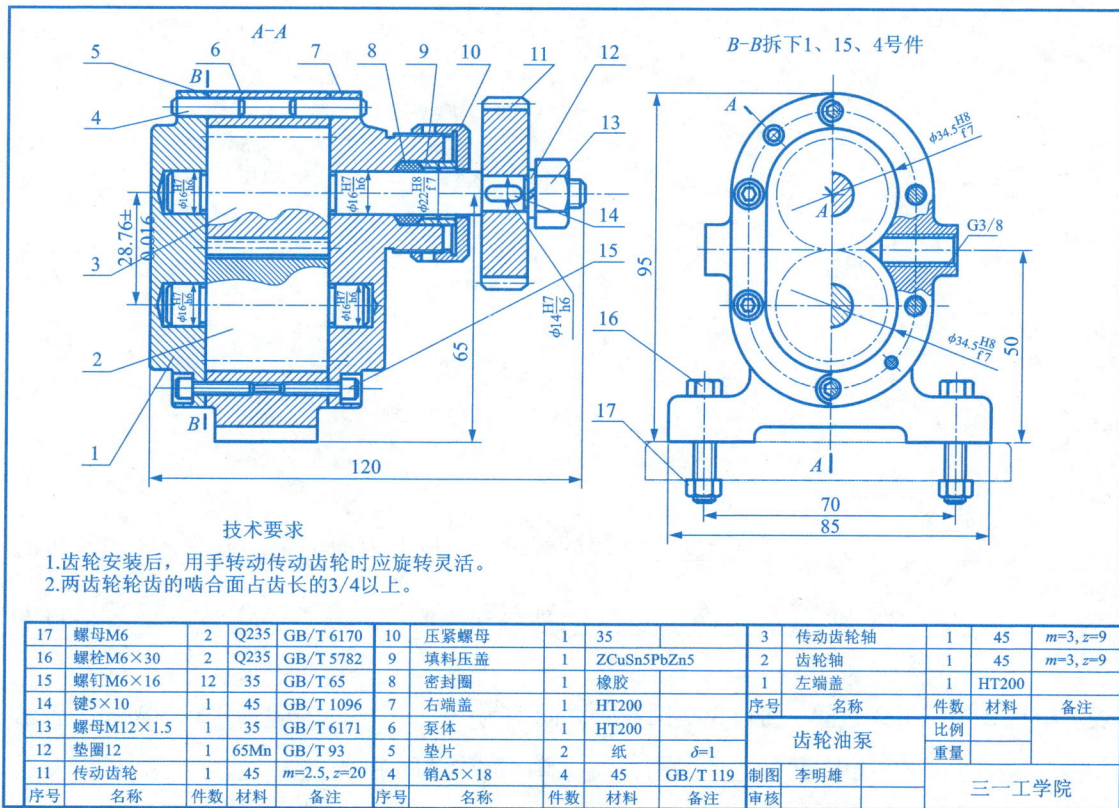

A-A

B-B拆下1、15、4号件

技术要求
1.齿轮安装后,用手转动传动齿轮时应旋转灵活。
2.两齿轮轮齿的啮合面占齿长的3/4以上。

17	螺母M6	2	Q235	GB/T 6170	10	压紧螺母	1	35		3	传动齿轮轴	1	45	m=3,z=9
16	螺栓M6×30	2	Q235	GB/T 5782	9	填料压盖	1	ZCuSn5PbZn5		2	齿轮轴	1	45	m=3,z=9
15	螺钉M6×16	12	35	GB/T 65	8	密封圈	1	橡胶		1	左端盖	1	HT200	
14	键5×10	1	45	GB/T 1096	7	右端盖	1	HT200		序号	名称	件数	材料	备注
13	螺母M12×1.5	1	35	GB/T 6171	6	泵体	1	HT200		齿轮油泵		比例		
12	垫圈12	1	65Mn	GB/T 93	5	垫片	2	纸	δ=1			重量		
11	传动齿轮	1	45	m=2.5,z=20	4	销A5×18	4	45	GB/T 119	制图 李明雄		三一工学院		
序号	名称	件数	材料	备注	序号	名称	件数	材料	备注	审核				

(1)齿轮油泵共用了_____种零件,其中标准件有_____种。

(2)主视图采用了_____剖视图,左视图下方双点画线表示采用_____画法,主视图还采用了_____剖视图。

(3)主视图右边 φ22H8/f7 的基本尺寸是_____,轴的公差带代号是_____,孔的公差带代号是_____;它是齿轮轴3号件与_____号件之间的配合,属于基_____制的_____配合。

(4)泵体3属于_____类零件,主视图中120属于_____尺寸,左视图中70属于_____尺寸。

(5)表达出3号件齿轮轴(注意表达完整,不标尺寸)。

项目八　其他图样

任务一　焊接图

1. 解释如下焊缝代号的含义。

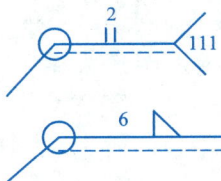

2. 看懂下页的挂架焊接图并填空。

(1) 焊接符合 表示＿＿＿＿＿＿＿＿＿与＿＿＿＿＿＿＿＿＿之间的焊缝，横板上表面为带＿＿＿＿＿＿＿＿＿边的＿＿＿＿＿＿＿＿＿焊缝，坡口角度为＿＿＿＿＿＿＿，间隙为＿＿＿＿＿＿＿＿，坡口深度为＿＿＿＿＿＿＿＿＿＿，横板下表面的焊缝为焊角高度＿＿＿＿＿＿＿的角焊缝。

(2) 焊接符合 表示横板 2 与肋板 3 之间、肋板 3 与圆筒 4 之间均为＿＿＿＿＿＿＿＿，"3×12(8)"表示有＿＿＿＿＿＿＿段断续双面＿＿＿＿＿＿＿，焊缝长度为＿＿＿＿＿＿，断续焊缝间距为＿＿＿＿＿＿，111 表示＿＿＿＿＿＿＿＿。

(3) 该焊接件由＿＿＿＿＿＿＿＿＿＿部分组成，它们的材料均为＿＿＿＿＿＿＿＿＿＿。

(4) 俯视图中 2 个圆孔的直径为＿＿＿＿＿＿＿，它们的定位尺寸分别为＿＿＿＿＿＿、＿＿＿＿＿＿。

班级　　　　　　姓名　　　　　　学号

· 146 ·

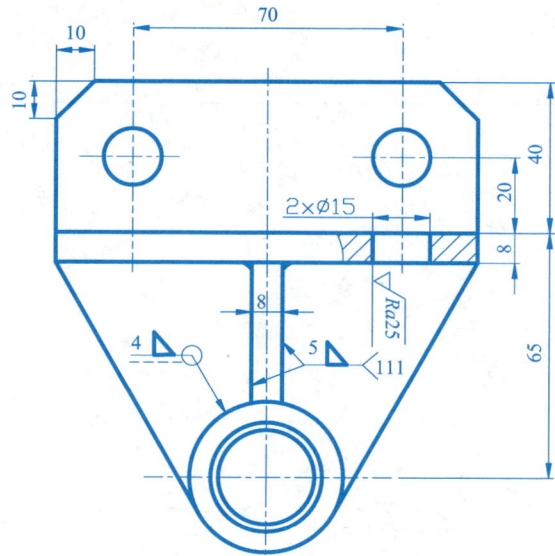

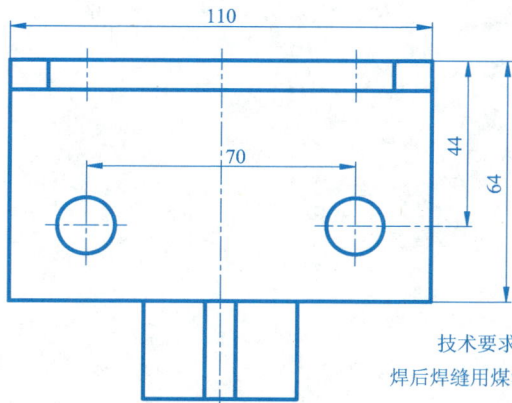

技术要求
焊后焊缝用煤油检查

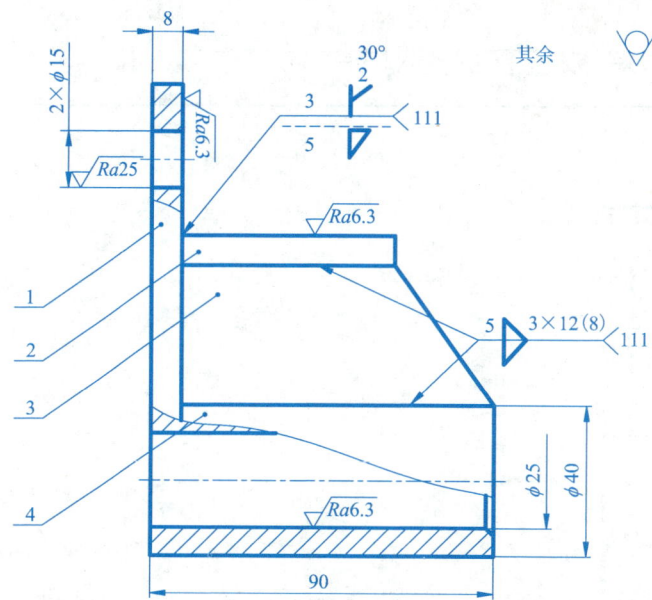

序号	代 号	名称	件数	材料	备注
4		圆筒	1	Q235	
3		肋板	1	Q235	
2		横板	1	Q235	
1		墙板	1	Q235	

三一工学院

挂架

标记	处数	分区	更改文件号	签名	年月日					
设计	李明雄		标准化			阶段标记	重量	比例		
审核								1:1		
工艺			批准			共 张第 张				

任务二　金属结构件

1.解释如下图形符号对应的型钢名称与字母代号。

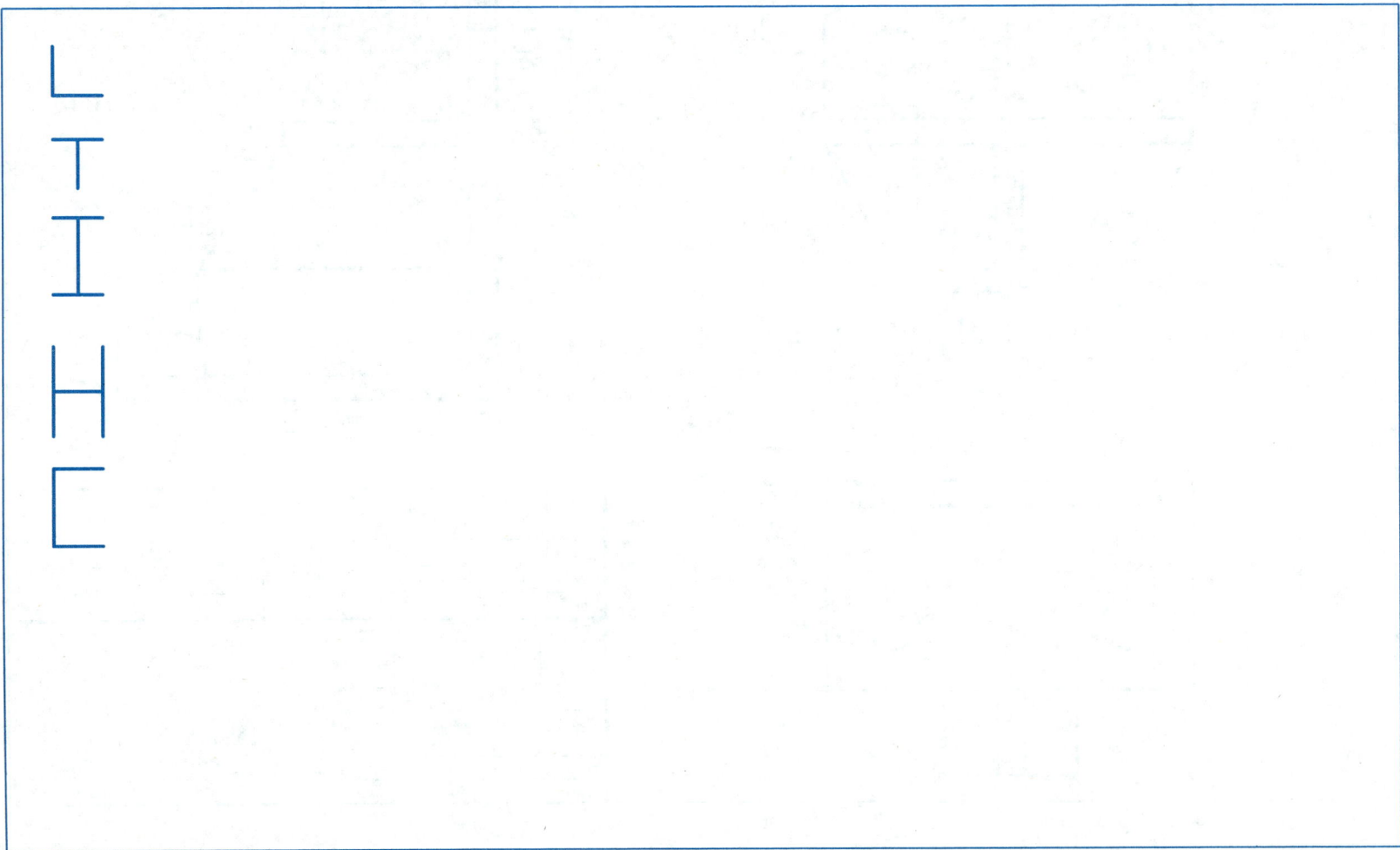

```
└
工
H
匚
```

任务三 展开图

1. 求直线 AB 的实长。

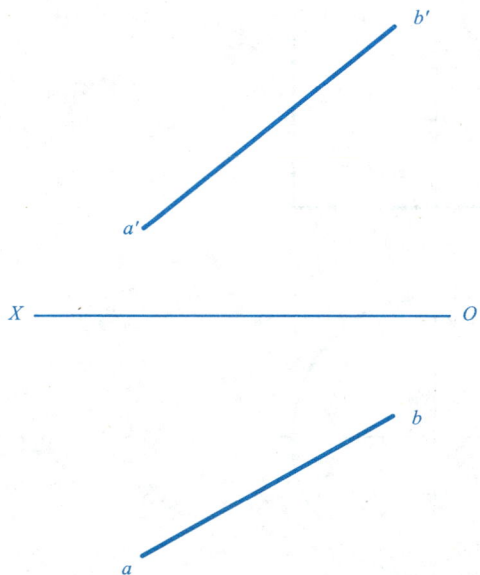

2. 已知 $MN = 45$ mm，求作 mn。

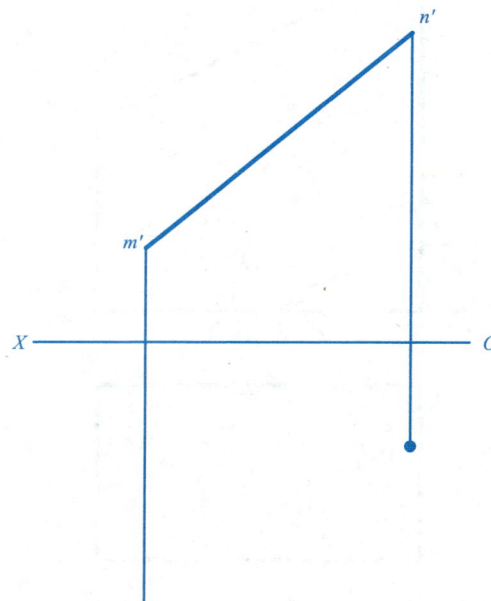

3. 在图形右边画四棱柱斜切的侧面展开图。

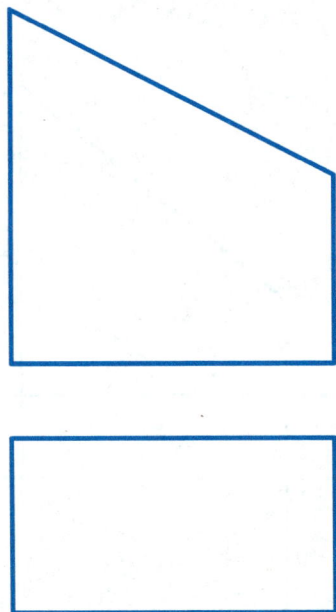

4. 在图形右边画圆柱的侧面展开图。

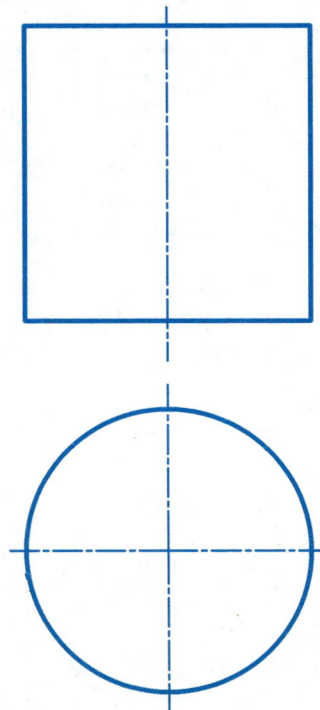

班级　　　　　姓名　　　　　学号

5. 在图形右边画出四棱台的侧面展开图。

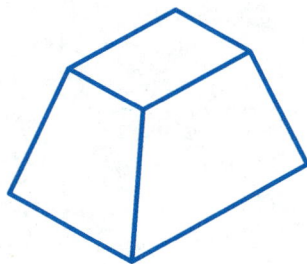

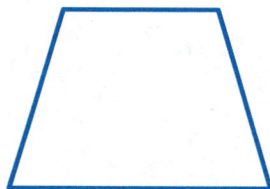

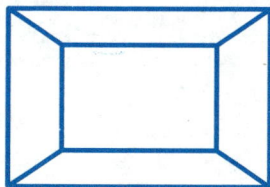

参 考 文 献

[1] 焦永和. 机械制图手册[M]. 5 版. 北京：机械工业出版社, 2012.

[2] 柳海强. 简明机械制图手册[M]. 北京：机械工业出版社, 2013.

[3] 大西清. 机械设计制图手册[M]. 洪荣哲, 黄廷合, 译. 北京：科学出版社, 2006.

[4] 成大先. 机械设计手册[M]. 5 版. 北京：化学工业出版社, 2016.

[5] 秦大同, 谢里阳. 机械制图及精度设计[M]. 北京：化学工业出版社, 2013.

[6] 马德成. 机械制图与识图范例手册[M]. 北京：化学工业出版社, 2015.

[7] 清华大学工程图学及计算机辅助设计教研室. 机械制图[M]. 5 版. 北京：高等教育出版社, 2006.

[8] 许云飞, 杨巍巍. 机械制图[M]. 北京：电子工业出版社, 2014.

[9] 王新年. 机械制图[M]. 北京：电子工业出版社, 2013.

图书在版编目（CIP）数据

机械制图习题集 / 李明雄，胡浩然主编. —长沙：
中南大学出版社，2020.9
智能制造精品教材
ISBN 978 – 7 – 5487 – 4143 – 5

Ⅰ.①机… Ⅱ.①李… ②胡… Ⅲ.①机械制图—高
等职业教育—习题集 Ⅳ.①TH126 – 44

中国版本图书馆 CIP 数据核字(2020)第 155339 号

机械制图习题集

主编　李明雄　胡浩然
副主编　李永久　扈琨珑
主　审　杨　超

□**责任编辑**　谭　平
□**责任印制**　周　颖
□**出版发行**　中南大学出版社
　　　　　　　社址：长沙市麓山南路　　　　邮编：410083
　　　　　　　发行科电话：0731 – 88876770　　传真：0731 – 88710482
□**印　　装**　长沙雅鑫印务有限公司

□**开　　本**　787 mm × 1092 mm　1/16　　□**印张** 10.25　　□**字数** 256 千字
□**版　　次**　2020 年 9 月第 1 版　　□2020 年 9 月第 1 次印刷
□**书　　号**　ISBN 978 – 7 – 5487 – 4143 – 5
□**定　　价**　29.00 元